《正大综艺·动物来啦》节目组／组编
任艳　朱德华／改编

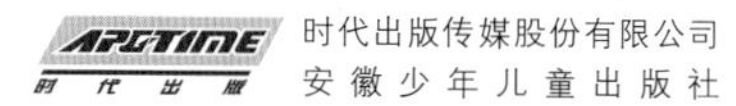

时代出版传媒股份有限公司
安徽少年儿童出版社

图书在版编目（CIP）数据

正大综艺·动物来啦. 坐火车迁徙的候鸟 /《正大综艺·动物来啦》节目组组编；任艳，朱德华改编. —合肥：安徽少年儿童出版社，2024.10
ISBN 978-7-5707-1736-1

Ⅰ.①正… Ⅱ.①正… ②任… ③朱… Ⅲ.①动物－儿童读物 Ⅳ.①Q95-49

中国国家版本馆CIP数据核字（2024）第048465号

ZHENGDAZONGYI DONGWU LAILA ZUO HUOCHE QIANXI DE HOUNIAO
正大综艺·动物来啦·坐火车迁徙的候鸟
《正大综艺·动物来啦》节目组/组编
任艳　朱德华/改编

出 版 人：李玲玲　　策划编辑：唐　悦　　责任编辑：唐　悦
责任校对：张姗姗　　美术编辑：唐　悦　　内文摄影图：壹图网　视觉中国 等
内文插画：冯　文　　印　　制：朱一之
出版发行：安徽少年儿童出版社　E-mail:ahse1984@163.com
新浪官方微博：http://weibo.com/ahsecbs
（安徽省合肥市翡翠路1118号出版传媒广场　邮政编码：230071）
出版部电话：（0551）63533536（办公室）　63533533（传真）
（如发现印装质量问题，影响阅读，请与本社出版部联系调换）
印　　制：安徽新华印刷股份有限公司
开　　本：787 mm × 1092 mm　1/16　印张：8.75　字数：108千字
版　　次：2024年10月第1版　2024年10月第1次印刷

ISBN 978-7-5707-1736-1　定价：40.00元

本书编委会

关爱生命，是最正大无私的奉献

爱是 Love，爱是 Amor，爱是 Rarc
爱是爱心，爱是 Love
爱是人类最美丽的语言
爱是正大无私的奉献

这首伴随我们成长的歌曲，令我们回想起 20 世纪 90 年代初开播的中央广播电视总台综艺节目——《正大综艺》！更让我难以想象的是，我竟然为这一节目前前后后工作了近 5 年！如今，呈现在广大读者面前的这套书——《正大综艺 · 动物来啦》，正是过去近 5 年来，该节目制作内容的科普总结。

2017 年仲夏，著名主持人、节目制作人暨《正大综艺》节目负责人王雪纯老师来国家动物博物馆找我。彼时，她正在制作另外一档大型科学实验节目——《加油！向未来（第二季）》（以下简称《加油》）。原本，她主要谈及将一些动物请到《加油》节目里充当“演员”，也给“科学实验”增添动物元素，但是我始终担心，如果把动物引入节目现场，以操作实验的形式展示给观众似乎不妥，毕竟它们是生命，很难像机械那般随意操控。

王雪纯老师甚为谦逊，非常认同我的观点，她特别想做一些关于动物的科普节目，当即表达了希望未来可以合作动物科普节目的愿望。老实讲，我当时就是那么一听，以为她也就是这么一说而已。

殊不知，过了一两个月，王雪纯老师带着团队主创人员再次亲临国家动物博物馆，盛情地邀请我作为她的新节目《正大综艺·动物来啦》的常驻嘉宾，我简直不敢相信自己的耳朵。我竟然有机会成为我小时候观看的电视节目的嘉宾！

就这样，经过一段时间的筹备，2017 年 12 月 14 日，我和北京动物园饲养管理员杨毅兄一同成为《正大综艺·动物来啦》节目的嘉宾，来到北京市丰台体育中心摄影大棚，与主持人高博老师及几组家庭一道，正式开始录制该节目。一直到 2022 年 4 月节目停播，《正大综艺·动物来啦》前后录制了近 200 期。后来，《正大综艺》改版为聚焦全国首批乡村旅游重点镇的推介节目，我仍然有幸继续担任嘉宾；直到今天，我还会偶尔去节目中“嗨”上一把！

毫无疑问，《正大综艺·动物来啦》丛书是该节目的“顺产儿”——电视节目配图书出版，这似乎是中央广播电视总台的传统。我小时候就买过《动物世界》一书，王雪纯老师还出版过《加油！向未来》丛书。书中最精彩的内容，通常便是节目中最精彩的内容。这得益于王雪纯老师坚强而直接的领导，以及制片人、总导演、导演、主持人、竞猜选手的共同努力！

既然是科学节目，既然是科普读物，那么，它的科学性必将是第一位的！在科学性、趣味性甚至收视率面前，王雪纯老师依然是一位坚定的科学主义者；她从来没有为了收视率而妥协、折中，放弃与科学相关的元素及一切有科学价值的东西。这一点，我着实钦佩她！

首先，我和杨毅兄都认为拍摄中国本土动物是首要任务，宣传介绍中国土生土长的野生动物是节目的首选！这一点，王雪纯老师对所有导演都反复强调，竭力提升每一位导演的思想意识。

其次，关于动物名称的规范——中文名和拉丁文学名之使用，很多科普节目、科普读物都不太在意这个动物叫什么，也不爱使用学名：细尾獴被称作狐獴，狨和猬（xū）被笼统地叫作狨或柽（chēng）柳猴、绢毛猴，鵎鵼（tuǒ kōng）习惯性地被称为巨嘴鸟……但正是我和杨毅兄的坚持，才使整个节目组都非常认真地与我们确定了动物的名称、叫法。尽管有的时候我们也认为没必要那么苛刻，但既然决定按照传统的、规范的、专业的来，那么无论是科学顾问，还是制片人、导演，都会把科学性、专业性放在第一位！王雪纯老师再一次强有力地支持了我们，她常对导演们说："这些问题要听专家的！"这充分体现了王雪纯老师对我们的尊重，也令我们对她倍加敬重！

再次，王雪纯老师对我们反复强调，《正大综艺·动物来啦》就是希望改变观众或读者一贯的错误思维、荒谬认知，她甚至说："不要总是你以为的就是你以为的。"事实上，我们每个人都不能想当然，做节目、做书都是这样，要摆事实、讲道理，更要拿出科学数据或科学证据来证实或证伪。总之，做科学节目或做科普读物，都要有科学精神——实事求是，决不人云亦云。所以，《正大综艺·动物来啦》甚至成为"辟谣"节目，匡正错谬，以正视听！不过，《正大综艺·动物来啦》毕竟是一档综艺节目，所以，趣味性非常重要且不可或缺！不仅是导演们选择的动物要有趣，而且要深度挖掘动物及其与饲养员之间的故事。有说相声功底的杨毅兄更是以他独特、幽默的表达方式解析了各种动物的有趣行为。我们非常尊敬的主持人高博老师，在台上逻辑清晰、反应敏捷、知识面广且极为风趣幽默，为节目平添了十足的活跃感。这些有趣、好玩、寓教于乐的知识点，也同样呈现在了这套书中!

最后，我想说的是，这档节目及这套书的价值取向和情感输出。每一个生命都值得尊重，每一种动物都是平等的，每一个物种都在生态系统中发挥着不可替代的作用！我们展现在大家面前的动物，是有情感的、是美的，是值得我们每个人去欣赏、去热爱、去关心甚至要以行动去保护的。

我们非常注重“升华”，但绝不是做作的、刻意为之的。在动物园生活的动物，它们有故事，有与饲养员的感情交流。我记得在录制北京动物园的中美貘、南美貘那一期时，在场的人几乎都被饲养员精心照顾它们的故事感动得潸然泪下。在自然保护区或国家公园生活的野生动物，它们顽强生存的精神，也值得我们去体会、感悟。

我记得我在节目后期说的最多的话就是，我们国家的生态文明建设关乎每一位老百姓的生存与生活；我们现在正在从事以国家公园为主体的自然保护地体系建设，就是要保护、修复野生动物赖以生存的栖息地，让生物多样性得以延续；这归根结底是为了人与自然和谐相处，建设美丽中国，造福人类!

时间过得真快，三四年前，节目录制面临着各种困难和挑战；但不论是节目组，还是直接领导节目的“央视创造传媒”乃至正大集团江吉雄先生等诸位领导，都全力以赴、攻坚克难，将节目尽可能制作得令大家满意。

今天，当我看到《正大综艺·动物来啦》这套书的时候，每一期生动有趣的节目又展现在我的面前。我和杨毅兄都难以忘怀，我们和导演们对题、对台本的日日夜夜——4 年多来，我俩每周都会有一个晚上要去“央视创造传媒”“上班”。

这套书的出版得益于节目的总策划，以及制作节目的制片人和导演、出版社编校人员的辛勤付出。遗憾的是，我并没有具体撰写本书的文字，但书里的每一个字对我而言又是那么亲切。希望大朋友、小朋友们能像喜爱节目那样，喜欢并支持这套书。

读万卷书，行万里路。从书中汲取养分，再回归荒野，回到大自然中探寻生命之伟大与神奇。最终，以我们的行动去保护、关爱、关注这些生灵——因为爱，是正大无私的奉献！

是为序。

张劲硕

博士、研究馆员、研究员

国家动物博物馆馆长

2024 年 9 月 13 日

目录

救助站里的一只斑海豹

主持人：我们的节目一直在报道动物救助的故事，广为人知的有对雪豹“凌霜”“凌雪”和“凌寒”的救助。“凌寒”的主刀医生就是我们本期节目的特约嘉宾——中国农业大学动物医学院副院长金艺鹏。我们希望野生动物康复后能够重返大自然。接下来，一起去了解动物救助的故事吧！

科技为野生动物保护助力

在迁徙、捕食、繁衍的过程中，一些受伤的动物被人们救助后恢复健康，重回种群。这些正在为回家做准备的斑海豹宝宝就是幸运儿。刚被人类救助时它们生命垂危，还无法进食。饲养员挤出正在哺乳的斑海豹妈妈的奶水，进行人工喂养。他们 24 小时监测，调理斑海豹宝宝的体质，帮助它们脱离险境。经过 3 个月的精心照料，斑海豹宝宝恢复了健康，也终于迎来了回家的日子。

可是，有些野生动物就没有斑海豹宝宝那么幸运了，它们不能自我康复，要采用人工医疗干预的办法来帮助其康复。

广州动物园的一只银颊噪犀鸟喙部先天性畸形，无法自主进食。如果没有亲鸟饲喂，它将面临饿死的危险。医生采用 3D 打印技术为这只小犀鸟“换嘴”，先切除变形的部分，再将 3D 打印的嘴巴模型安装上去，最后用螺丝固定。在经过一段漫长的手

广州动物园需要做“换嘴”手术的银颊噪犀鸟　　手术后的银颊噪犀鸟

术之后，这只上喙先天性畸形的小犀鸟终于能自主进食了！

我国野生动物的救治手段越来越成熟，医疗手段也开始细分化。这不，在西宁野生动物园里，世界上首例雪豹白内障手术也即将开始。

经过检查，人们发现雪豹“凌寒”右眼的白内障非常严重，近乎失明。如果不进行手术，它在野外的生活将异常艰难。谁能帮助这只高龄的雪豹恢复健康呢？

有着 20 多年野生动物救助经验的金艺鹏教授知道情况后，接受了这个挑战。在没有医学文献资料参考的情况下，金教授和大家充分讨论了治疗方案，白内障手术开始了。

雪豹的白内障手术正在进行

“凌寒”的麻醉有效时间为 5 个小时，其间需要进行各项身体检查。通过检查，金教授发现“凌寒”的白内障晶体质地非常硬，能否成功去除晶体，只有上了手术台才知道答案。

手术的第一步是用超声乳化仪把白内障晶体慢慢打碎、吸出。白内障晶体顺利取出后，金教授又在“凌寒”的眼部植入人工晶体。如果不植入晶体，“凌寒”将会变成远视眼。

经历了 5 个小时，可以帮助“凌寒”看清物体的人工晶体被成功植入眼内，白内障手术成功了！这台手术标志着我国野生动物救治事业又迈上了新的台阶。

3D 打印和人工晶体植入反映出治疗方式的升级和科技的日新月异。建立野生动物保护区和救助机构，让更多的人加入野生动物的救助中，能让受伤病折磨的动物有了生的希望。

请答题

动物在术后恢复意识时，一般应先补充（　　）。

A. 水分　B. 维生素　C. 蛋白质

嘉宾观点

小泽：我选 A。不管哪种动物，如果像“凌寒”那样经历 5 个小时的手术，都是需要补充水分的。

小浩：我选 A。在手术过程中动物会流失一些血液，损失了水分，就需要及时补充回来。

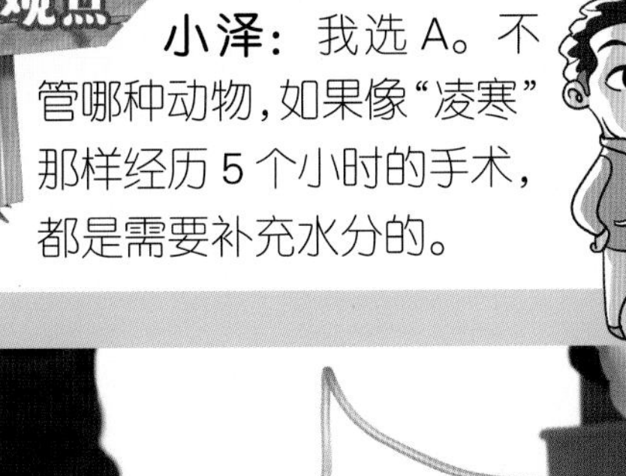

小玉：我选 A。动物在手术后身体虚弱，如果立刻补充食物，可能会增加身体负担。

原来如此

手术后动物身体虚弱，清醒时可以喂少量的水，等恢复一段时间再喂食物。

正确答案是 A，你答对了吗？

动物救助站里的逸闻

在照料动物的过程中，人们和动物会培养出感情。动物呢，也会变成黏人的“小可爱”。下面我们来看一看，在动物救助站里，一只大熊猫是怎样度过快乐的一天的。

大熊猫： 各位看官，你们见到我的饲养员了吗？可别让他发现我。今天又是体检的日子，我可不想打针抽血。不过，饲养员也是为我好。既然躲到哪里都能被抓到，那抽血就抽血吧！最起码抽血前，他们会让我吃个苹果压压惊——也值。对了，2 号床的亚洲象大哥，你今天过得咋样啊？

亚洲象： 去，别跟我说话，我正打吊针呢！要是针头跑偏了，我可饶不了你。

大熊猫： 看你中气十足的，看来离康复不远了。行，我去瞅瞅 3 号床的红毛猩猩奶奶，您今天的治疗结束了吗？

红毛猩猩： 我的棉袄没了……

大熊猫： 不是，我是说您的治疗……

红毛猩猩：你说知了啊？天气一热，知了确实多了。

大熊猫：奶奶，还是让饲养员好好给您按摩吧，我就不打扰了。

红毛猩猩：什么？爱我？哦，奶奶也爱你呀！

小狮子：大熊猫，别打听啦，我和你分享一个我的康复喜讯吧：我今天终于能正常“嗯嗯”啦！

大熊猫：你……

小狮子：开玩笑啦！你的小道消息这么多，知道隔壁救助中心的小红隼生的是什么病吗？

大熊猫：你算是问对“熊”了。我听说，每年5—7月是鸟类的繁殖季，很多鸟宝宝会和爸爸妈妈走丢。这不，走失的小红隼就被热心的人们送到北京市猛禽救助中心了！和我们哺乳动物不同，刚出生一两周的鸟宝宝容易产生“印随行为”，会把康复师当成妈妈，这会影响到它们飞回野外。所以呀，康复师在喂食的时候乔装打扮，戴上帽子，扮成一棵树桩，还在手上套上了一只塑料金雕模型，模拟喂食。“树

桩阿姨”和“金雕妈妈”两个组合，听起来就很有趣，对不对？

小狮子：呀，你就别卖关子了。快说说，康复师帮助小红隼恢复健康了吗？

大熊猫：两个月后，小红隼长得可强壮了。当康复师以正常装扮去探望小红隼的时候，它有一种天然的攻击行为和躲避反应。看来，回归自然指日可待。

小狮子：太棒啦，太棒啦！

请答题

在城市中，鸟类最容易碰到的生命安全问题是（　　）。

A. 食物不足　B. 高压线触电　C. 撞击到玻璃

嘉宾观点

小泽：我选 C。虽然城市化加速发展，但野生动物并没有远离我们。鸟类不能辨别城市中高层建筑的玻璃，猛禽救助中心会发出呼吁，在建筑玻璃上贴上飞禽防撞贴纸，来保护它们的安全。

小丽：我选 C。高压线有零线和火线的区别。鸟类只有同时接触到两根线，才有致命的危险，所以我排除了 B 选项。

张博士的科学小课堂

在城市中，鸟儿撞击高层建筑玻璃是非常严峻的问题。我们以一只麻雀为例，麻雀重约 50 克，如果它在快速飞行，速度可能达到 10 米 / 秒。在 0.1 秒内，麻雀撞击玻璃就能产生 5 牛顿的力。这种快速撞击会让麻雀的头骨变形，肝脏、肾脏出血，对它的伤害会非常大。

正确答案是 C，你答对了吗？

谁咬伤了羊羔

今天，我们跟随动物观察员小岩，前往新疆采访。作为我国面积最大的省区，新疆拥有全国重点保护动物共 116 种。

有一位牧民向我们反映，最近他家有羊羔被食肉动物攻击了。在前往牧民家的路上，我们走过一片山坡，这里有猞猁、兔狲、北山羊、野猪等野生动物出没。我们怀疑咬伤羊羔的动物不是兔狲就是猞猁。查看被咬痕迹我们发现，羊羔的脖子完好，伤痕出现在臀部——牙间距有 45 毫米，是猞猁的牙印！我们安装了一台远红外线相机，如果野生动物再次出现，我们就能抓拍到它了！

请答题

通过羊羔的伤口，人们可以判断这只猞猁是（　　）。

A. 幼体　B. 亚成体[①]　C. 成体

嘉宾观点

小张：我选 C，成体。因为幼体没有独自捕食能力，而亚成体可能和它的妈妈在一起，还没有独立生活，它也不需要为生计考虑哟！

张博士的科学小课堂

食肉类动物在捕食食草类动物的时候，一定会咬住食草类动物最致命的部位。比如，虎、豹、豺、狼肯定会咬猎物的脖子。亚成体可能和妈妈在一起，但捕食经验不丰富，从猎物被咬的部位——臀部来分析，亚成体的可能性更大。

正确答案是 B，你答对了吗？

---

①亚成体：动物的幼体经过变态后，外形与成体几乎相似而性腺还没有发育成熟的阶段。

猫咪和狗狗的超能力

你是不是想着有一天可以拥有动物的超能力？你希望自己会飞、会隐身，还能长生不老？其实，这些存在于我们想象中的神奇能力在动物身上真的可以看到。这些动物也许就在我们身边，这不，我们最常见的两种动物正在进行神奇技能大比拼，一起去看看吧。

猫咪队：我们猫咪最神奇，十八般武艺样样精通，神奇技能应有尽有——你知道我们拥有把自己的身体拉长到原来的 1.5 倍的能力吗？你知道我们可以穿过比自己身体还要狭窄的缝隙吗？我能让各位见识到江湖失传已久的“缩骨大法”哟！

狗狗队：这年头没个神奇的能力谁敢在朋友圈混啊？看，我们狗狗的嗅觉可是超级灵敏的，能够从许多混杂在一起的气味中，嗅出我们需要寻找的那种气味，这就是我们能在废墟中找到目标的原因。

拉布拉多犬

拉布拉多犬性格活泼、憨厚，对孩子十分友善。经过专业训练后，拉布拉多犬可参加导盲或搜救等工作。

美国短毛猫

美国短毛猫是美国人把欧洲猫与美洲大陆的土种猫加以改良而育成的猫种。它们性格温顺，深受人们喜爱。

猫咪队：人类喜欢我们，其中一个重要原因就是我们长得好看！我们的眼睛又圆又大，而我们在“干瞪眼”这件事上，可是超级有天赋的。人类一般 2—8 秒就会眨一次眼，然而我们猫咪平均 18.5 秒才会眨一次眼，有的猫咪在蹲守猎物或情绪紧张时，甚至可以几分钟不眨眼，这样的眨眼频率在动物界中屈指可数。可以说，我们是不折不扣的“干瞪眼大赛”的王者。

狗狗队：哈哈，别以为“干瞪眼”就能捕捉到猎物的一切信息！我们拥有超强的嗅觉，无论你怎么调整盖碗的位置，我们都能闻出哪只盖碗里藏着食物，厉害吧？

猫咪队：怎么又在比嗅觉？狗狗队，能不能说点新鲜的话题？让你们见识一下我们“喵星人”优雅的喝水方式吧——我们喝水时可以滴水不漏，从不会把水溅到地上。再看看你们，简直太粗俗了吧！

狗狗队：那又怎么样？我们有超强的嗅觉。

猫咪队：嗅觉嗅觉，你就知道嗅觉！简直分分钟把天聊死啊……

请判断

猫咪比狗狗更能辨别气味的不同。

A. 真的　B. 假的

小泽：我认为是真的。我承认狗的嗅觉很灵敏，但猫科动物的嗅觉也都很灵敏。

小张：我认为是假的。狗狗的鼻子非常灵敏，搜救的角色都是由狗狗担当，人类驯化了“搜救犬”，但我没有听过有“搜救猫”这一说法的。

小丽：我认为是真的。因为我就是“喵星人”的“铲屎官”，所以看到这道题本能上认为，猫咪绝对不能输给狗狗。

张博士的科学小课堂

猫的嗅觉系统特别发达，它们甚至比狗还能准确分辨出气味。它们不仅可以通过嗅觉寻找到自己的同伴，还可以通过气味辨别出同伴的性别，是成体还是亚成体。猫和狗在自然界的生存压力、生存对策也是不同的。狗的祖先是狼，狼是集群而居的。猫是夜行的，在黑暗环境下，它对不同种类的生物的识别能力要比狗强大许多。

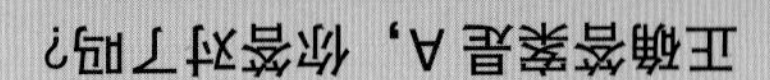

力学知识大比拼

我们想深入了解动物时，除了阅读、查阅科普文献，还可以用眼睛去观察，用心灵去感受动物的神奇。

看，这是蜗牛妹妹。平时见到它时，它总是慢慢腾腾，但仔细观察你会发现，在遇到美食的时候，它瞬间变成了“榨汁机”。你肯定没见过它嘴里的上万颗齿，它是世界上牙齿最多的动物。

另一头，一场对决一触即发！一只不起眼的独角仙像是按下摄像机的暂停键一般，呈现出静止的状态。在面对敌人时，它会瞬间提高速度，快速发起进攻。快看，独角仙将额角插入对方腹部下方，好的，一记漂亮的拳脚，它巧妙地运用杠杆原理来发力，撬起了和自己体重相当的对手！不愧是昆虫世界的物理课代表，力学知识比拼绝对是满分啊。

要论力学知识大比拼，这里还有两位更厉害！两只盘羊正在激烈对撞，“吃瓜群众”看着都觉得疼。它们冲撞的时速高达35千米/小时。这样的对撞究竟有多大的杀伤力呢？我们来做一个对比测试：当一辆汽车以同样的速度撞击墙面时，撞击足以让车辆变得面目全非！再看看这两只盘羊，它们却毫发无损。

盘羊的角呈螺旋状生长

各位看官，你们是不是也领略到动物的神奇技能了？

蜗牛的嘴里有 10000 多颗牙齿，有些蜗牛的牙齿数量甚至超过 20000 颗！

请答题

两只盘羊相互撞击时，受力点在哪个位置？

A. 犄角尖端　B. 犄角根部　C. 额头

嘉宾观点

小泽：我选 B。我根据盘羊犄角的形状判断，它们首先接触的是犄角弯曲的部位，但是受力点应当在根部。如果是尖端受力，犄角很容易被撞碎。

小浩：我选 C。选项 A 首先被我排除了。从物种进化的角度讲，盘羊的额头如果不是撞击的受力点，为什么会长得这么厚呢？

张博士的科学小课堂

在撞击的一瞬间，盘羊的着力点在它犄角的根部。盘羊的头部有一个特殊的中空腔体，这个腔体保护大脑不受撞击的伤害。我们用一个 1.5 千克的锤子模拟盘羊撞击，面对 20 千克的冲击力，在中空腔体的保护下，盘羊的大脑丝毫没有受到损伤。如果没有这个腔体缓冲，在同样力度的撞击下，它们的大脑就会变得不堪一击。

动物的神奇之处总是超出你的想象，人们需要通过观察才能发现。观察是进行科学研究最基础的方法。查尔斯·达尔文当年在科隆群岛（加拉帕戈斯群岛）观察龟壳、鸟喙的变化后，得出了物种进化的规律。著名的动物学家珍妮·古道尔在研究黑猩猩时，发现它们用工具去“钓”白蚁。她得出结论：人类并不是唯一会使用工具的物种。正是有了这些观察，我们对这个世界才有了更清晰的认识。

正确答案是 B，你答对了吗？

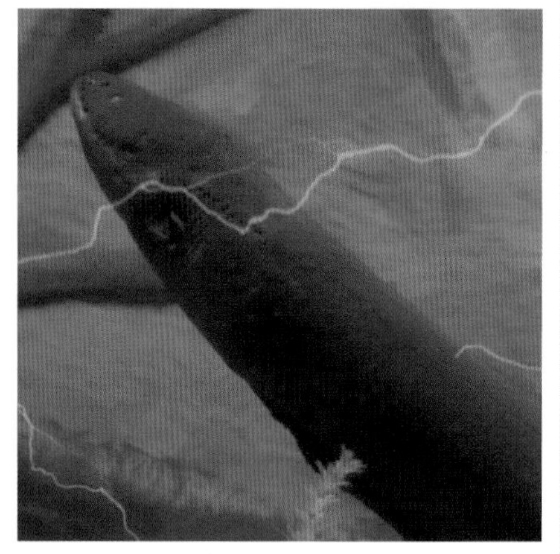

电鳗曾被美国《国家地理》杂志网站评选为“地球上令人恐惧的淡水动物”之一。

向动物老师学习

人类能从动物身上得到启示，将它们的“超能力”转化并应用于人类的生产和生活。例如，卷起来像凳子，拉长可以躺着的折叠纸家具，其实就是利用了六边形的蜂窝结构。这种结构不仅节省空间，还能承受非常大的力。人类很多的发明创造都和动物有直接关系，这就是仿生学。

今天，我们的动物观察员杨洁要尝试研究电鳗发出的电量。

杨洁需要用到的仪器是一台生物放电测试仪。与仪器相连的是金属探头，探头放在水里，可以读到的数值就是电鳗放电的峰值电压。一切准备就绪，测试开始啦！

杨洁将金属探头放进装有电鳗的水缸里，为了吸引电鳗接触金属探头，她用钳子夹住诱饵。电鳗很快游了过来。

倏（shū）地一下，放电测试仪测出了数值，杨洁非常激动：“我刚才看了一下视频回放，测试仪测到的峰值电压有 808 伏，这样的电压足以点亮上百盏节能灯呢！”

故事中的老鸽子

参加过国庆 70 周年庆典的白色和平鸽

电鳗放电后，只需休息一段时间，电能又会恢复到原来的状态。

除了水里游的电鳗，天上飞的鸽子也有令人惊叹的超能力，它们似乎永远不会迷路。难道它们天生自带导航仪吗?

为了找到鸽子辨认方向的秘密，杨洁的第二个实验就要开始啦!

“我挑选了三只鸽子进行对照实验。第一只是见过大场面的白色和平鸽，它参加了国庆 70 周年庆典，飞过天安门广场，接受了严格的训练；第二只是经过训练但长时间没有飞行的老鸽子；而第三只，我们选择了没有受过任何训练的‘小菜鸽’。我们将三只鸽子带到距家 12 千米外完全陌生的环境里，再来瞧瞧它们的表现。”

故事中的“小菜鸽”

根据鸽子身上的卫星定位装置，我们观测到三只鸽子回家的路线完全不一样：白色和平鸽在原地盘旋多圈后，找到了家的方向，30 分钟后，它平安回到家中；老鸽子的飞行也很顺利，很快飞回家中，用时 15 分钟；“小菜鸽”就没那么顺利了，它绕了好几条线路，向西、向东、向北，不对不对，再向西，定位到家的方向后再返回，用时 1 小时。

看来，鸽子的识途能力是与生俱来的。它们依据磁场确定飞行的方向，如同罗盘一样。

除了鸽子，鹦鹉螺的上浮和下沉促成了潜水艇的发明，萤火虫的发光为冷光灯发明提供了思路，这些动物的神奇技能都是值得我们学习的。发现和学习动物的神奇之处，不仅可以推动人类社会的发展，还可以帮助我们保护好动物。

请答题

安全防震帽的发明和以下哪种动物有关？

A. 啄木鸟　B. 乌龟　C. 盘羊

嘉宾观点

小泽：我选 A。啄木鸟啄树的时候脑袋没有受伤，而它啄树的频率又很快。它的大脑中有一层悬浮的“装置”，可以保护大脑震动时不受伤害。安全帽就是依据这个原理发明的。

小浩：我选 A。啄木鸟不停地用嘴去敲击树干且不会受伤，就是因为它的脑袋具有防砸、防冲撞的能力，这和安全帽的防御原理是一样的。

张博士的科学小课堂

安全帽的发明的确来自人们对啄木鸟的研究。啄木鸟可以长时间敲击木头是因为它们长长的舌头在脑部缠绕了一圈，牢牢地固定了自己的颅骨，减少了碰撞对脑部造成的伤害。

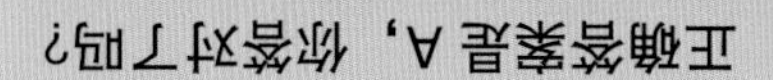

黑猩猩族群的奥秘

今天，动物观察员小路带领我们来到了北京野生动物园。来自南非约翰内斯堡的黑猩猩家族正在这里午休。作为“万物之灵”的灵长类，黑猩猩社会有着非常明确的等级划分。这个家族中的领袖叫“鲁恩”，它的脸很宽，骨骼很大。这个家族去年初来乍到时只有 18 位成员，现在，它们已经发展到 20 位成员了。让动物观察员小路感到好奇的是，它们是如何避免近亲繁殖的呢?

请答题

在野外，黑猩猩族群为避免近亲繁殖，会做出什么举动?

A. 成年的雄性离开族群　B. 怀孕的雌性离开族群

嘉宾观点

小宇：我选 A。我认为黑猩猩应该是父系社会，也就是由一只雄性黑猩猩担任族群的首领，剩下的多个雌性作为配偶。雌性负责养育小猩猩时，跟族群在一起，其他雄性黑猩猩成年后会选择离开族群。

小张：我选 A。我了解川金丝猴，雄性的小猴成年后会离开自己的族群。

张博士的科学小课堂

刚才小宇讲的雄性离开、雌性留下恰恰是母系社会的特点，而黑猩猩是男权社会，雌性黑猩猩怀孕后会进入一个新的族群当中。它生出来的孩子如果还是雌性，会继续离开所在的族群。对于留下来的雄性，它们则依靠强健的体能来争夺族群首领的位置，因此，父系社会与母系社会的规则是不一样的。

可可西里无人区中的藏羚

白玛老人和他的青藏高原上的动物朋友

白玛老人是青海三江源国家级自然保护区巡护队的队长，他带领巡护队常年守护着这里的动物。每天除了巡逻，白玛老人还要照料保护区内受伤及生命垂危的动物。

“我们经常遇到雪豹。2018 年 4 月，我们在山坡下发现一只受伤的老雪豹。它在捕食牦牛时和牦牛一起滚下山崖。当时牦

长知识啦

认识三江源

我国的地势划分为三大阶梯，第一级阶梯在青藏高原，这里有“世界第三极”和“世界屋脊”之称的喜马拉雅山脉，海拔高、地广人稀。青海三江源国家级自然保护区和青海可可西里国家级自然保护区就分布在第一级阶梯上。三江源是高原湿地生态系统的代表，是长江、黄河、澜沧江三大河流的发源地，有着丰富的地形和地貌。这里的动物属于“高地型”，主要有雪豹、岩羊、藏狐等。

牛死了，雪豹也受伤严重，我们就在附近搭了一个帐篷，从集市上买了一些肉投喂它。我们在帐篷里看护了八天，等它能自己走路了，离开我们的时候，它不断地回头看着我们，像是在跟我们告别。”白玛老人说。

除了雪豹，白玛老人还照看受伤的藏原羚。从它被伤病折磨到轻松奔跑，老人一步一步地悉心照料，直到它最后回归大自然的怀抱。

在青藏高原中部有一处人迹罕至的区域，它便是可可西里国家级自然保护区。一群藏羚正在这片土地上奔跑。藏羚曾因皮毛贸易而被大量捕杀，后来，国家重拳出击，打击盗猎行为，才使藏羚的种群数量得以恢复。1998 年夏季，巡护队抓获了一个多达 17 人的盗猎团伙，缴获 1600 多张藏羚皮。1600 多张皮子平铺在眼前，这一画面如同烙印般深刻在所有人的心里。好在生命是顽强的，虽然失去的生命无法挽回，但藏羚种群依然顽强地生存了下来。自然保护区的建立使可可西里的环境和生态都得到了

改善，三江源和可可西里自然保护区的巡护员们一直坚定不移地守护着这片美丽高原上的动物。

请答题

我国高海拔地区的哺乳动物有什么共同的特征？

A. 耳朵比较宽大　B. 绒毛层较厚　C. 奔跑速度快

嘉宾观点

小宇：我选 A。如果绒毛层太厚，动物奔跑时该有多热啊。至于选项 C，因为在青藏高原地区，野生动物的奔跑速度都挺快的，所以并不算高原动物的特征。

小浩：我选 B。哺乳动物是恒温动物，绒毛层较厚能帮助它们保持体温。

小玉：我选 B。藏羚被盗猎正是因为它的绒毛可以做成披肩。高海拔地区昼夜温差大，夜晚异常寒冷，所以这里的野生动物身上的绒毛比较多，是哺乳动物生存的基本特征。

张博士的科学小课堂

青藏高原气温低，含氧量也低。这里生存的动物不会快速、剧烈地奔跑；为了应对低温，它们长着比低海拔地区动物更小的耳朵。刚才，小玉提到关于藏羚底绒的问题，确有其事。为了得到披肩，很多藏羚被捕杀，后来人们非常关注藏羚的保护工作，通过建立保护区和其他方式来保护藏羚。现在，藏羚的种群数量由以前的一两万头增加到七八万头。可以说，国家级自然保护区是生态安全的可靠保障。

藏狐脸型的秘密

今天，动物观察员韩雪松带领我们来到了三江源称多县的嘉塘草原。玉树三江源地区生物种群多样，在保护区，小韩发现身后有一窝藏狐，三只藏狐宝宝在洞里待着，等藏狐妈妈叼着鼠兔回来喂它们吃。看到妈妈后，小藏狐瞬间活跃起来，和妈妈一起分享鼠兔。每年春天，藏狐妈妈会选择一个合适的洞穴生下藏狐宝宝，数量一般是 2~4 只。小藏狐经过一个夏天的生长，到了冬天就可以离开洞穴，独立生活了。

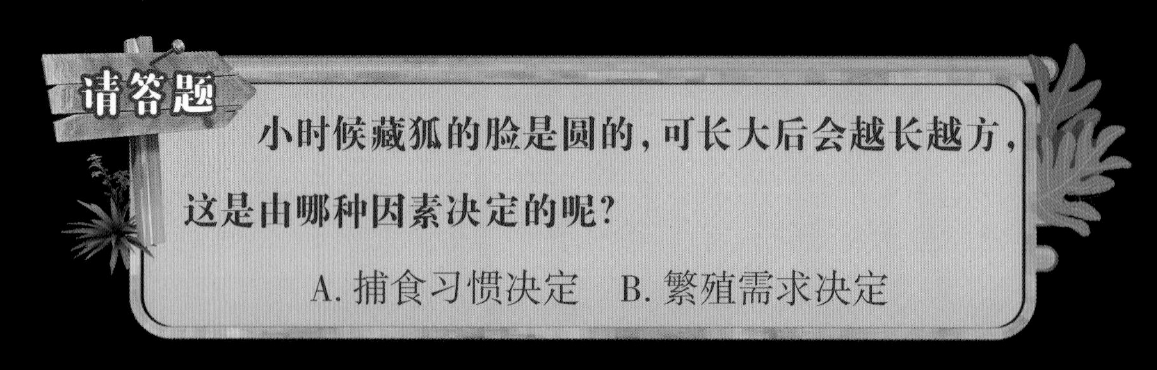

小时候藏狐的脸是圆的，可长大后会越长越方，这是由哪种因素决定的呢？

A. 捕食习惯决定　B. 繁殖需求决定

一只正在四处觅食的成年藏狐

嘉宾观点

小宇：我选 B。我认为藏狐小时候也要学习捕食，捕食习惯难道不会影响它的脸型吗？繁殖是动物长大后才有的需求，脸型的变化可能是为了吸引异性。

小张：我选 A。因为捕食总是张着嘴，脸总在运动，所以对脸型有影响。

张博士的科学小课堂

脸型的变化和动物的咬合肌有关。藏狐的脸部肌肉和其他狐狸不一样，它善于捕捉鼠兔等骨头非常坚硬的动物，咬合力更强。因为它的脸型受到捕食猎物的影响，所以大家看到成年藏狐的面部越长越方。

正确答案是 A，你答对了吗？

长知识啦

藏狐的食物包括鼠兔和小型啮齿类（如松田鼠、高山鼠、仓鼠等），有时也会偷袭家畜。

藏狐感情专一，雄性和雌性会共同生活、捕食并养育后代。

藏狐妈妈一般在每年 3—7 月生宝宝。藏狐爸爸负责去很远的地方捕食，妈妈则在洞穴附近转悠，保护宝宝的安全。

小藏狐喜欢和兄弟姐妹打打闹闹，可别小看这种玩耍，它们正是在打闹中，学会了捕食和生存的本领。

藏狐的天敌除了金雕，还有狼和野狗等。

藏狐妈妈会把捕捉到的食物藏在不同的地方，而小藏狐能够准确地找到妈妈藏食物的位置，取食后再跑回自己的洞穴。

西南生态博物馆

要问中国生物物种最丰富的地区在哪里，科学家们得出一致结论：中国的西南山地地形多样，是生物物种最丰富的地区。二十世纪七八十年代，中国科学院组织科学家们对西南山地的考察活动，奠定了整个中国生态系统的信息基础。

黑颈鹤主要分布在我国的青藏高原和云贵高原，栖息在海拔 2500~5000 米的高原湿地，是世界上唯一在高原生长、繁殖的鹤类。

大山包黑颈鹤自然保护区位于云南省昭通市。黑颈鹤是生长和迁徙都在高原的唯一的鹤类，它们每年都会选择大山包作为越冬栖息地。护鹤员老陈在大山包长大，遇到恶

天行长臂猿雄性为黑色，雌性为黄白色。

劣天气时，老陈需要冒着生命危险去救援。只要能看见黑颈鹤飞翔，老陈再苦再累都不怕。

高黎贡山国家级自然保护区被学术界誉为“世界物种基因库”，护林员蔡芝洪正带领我们探访保护区里的天行长臂猿。天行长臂猿的专属食物包括山橙、野山楂、多花酸藤子等。由于高海拔地区的浆果数量较少，吃树叶能弥补浆果摄取的不足。只要天行长臂猿在一棵树上吃食超过五分钟，蔡芝洪就要对果树进行标记。标记可以更好地分析动物的饮食习惯，观察动物粪便则可以判断它们的健康状况。

西南山地的动物保护者们正因地制宜，尽自己最大的努力保护着这里的野生动物。

请答题

以下哪种动物的栖息地不在西南地区？

A. 麋鹿　B. 川金丝猴　C. 绿尾虹雉

嘉宾观点

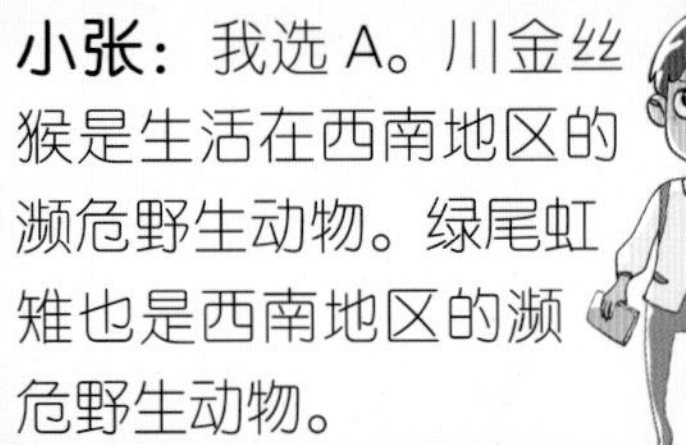

小宇：我选A。麋鹿又叫“四不像”，适合在沼泽环境中生活。麋鹿的自然保护区在江苏大丰。

小张：我选A。川金丝猴是生活在西南地区的濒危野生动物。绿尾虹雉也是西南地区的濒危野生动物。

张博士的科学小课堂

川金丝猴确实生活在西南山地，绿尾虹雉也是如此，我们可以在四川卧龙国家级自然保护区见到它们。麋鹿并不在西南山地栖息。

正确答案是A，你答对了吗？

长知识啦

- 川金丝猴是国家一级保护动物，仅分布于四川、甘肃、陕西和湖北等地，栖息在海拔1500~3300米的森林中。
- 金丝猴家族共有五个分类，包括川金丝猴、滇金丝猴、黔金丝猴、越南金丝猴和怒江金丝猴。
- 世界上最早发现的仰鼻猴是川金丝猴。人们把有仰鼻特征的猴子统称为金丝猴。
- 绿尾虹雉是我国高原地区特有的大型雉类。因雄鸟毛色绚烂又难得一见而被人们视为幸运和吉祥的象征。
- 绿尾虹雉分布于中国青藏高原附近，在海拔3000~5000米的高山草甸、灌丛和裸岩地带活动，吃植物嫩叶、花蕾和球茎等。

一个美丽的约定

广东省惠东县海龟国家级自然保护区是许多绿海龟的产卵地。绿海龟又称绿蠵（xī）龟，编号“A0120”的绿海龟妈妈正是海龟湾的常客。

6-9 月的产卵期，雌龟会爬上沙滩，在不被水淹没的高潮线以上，找适合的地点挖坑、产卵。

保护区工作人员第一次监测到“A0120”是在 2007 年的七八月份，在产下了 100 多枚卵之后，它又重回大海的怀抱。风平浪静的海面下掩藏着凶险和危机，大自然的考验和天敌的威胁导致绿海龟的存活率极低（只有千分之一），能回到出生地产卵对绿海龟而言难上加难。然而，这位绿海龟妈妈却与海龟湾立下了五年之约。在这之后的 2012 年和 2017 年，它都因产卵如约而至。人们都盼望着将来能再次见到这位老朋友。

在山东荣成大天鹅国家级自然保护区，编号“A97”的大天鹅自 2009 年被当地管理站监测到以来，每年都会如约到访。从十一月开始，它便抵达荣成，到了来年三四月，再启程飞回上

千千米外的西伯利亚。保护区气温相对适宜，水位较低，大天鹅可以轻松进食水生植物，在这里安全越冬。

保护区里安闲游弋的大天鹅

大天鹅“A97”，我们希望来年和你再相会！

请答题

荣成大天鹅国家级自然保护区附近的居民会用大天鹅吃剩的水生植物来做什么？

A. 盖房子　B. 做工艺品　C. 做生物燃料

嘉宾观点

小丽：我选 A。我听说牛粪能建造房子。拿吃剩下的水生植物做工艺品有点不可思议。生物燃料里面必须有碳，水生植物没有。

张博士的科学小课堂

山东荣成沿海村民住的是海草房，房顶就是以大天鹅吃剩的水生植物作为主要材料，它既防水又阻燃，中看又中用。因为大天鹅吸引了很多游客前来参观，有了客流自然会拉动当地的旅游业，促进当地的经济发展。这种人与野生动物和谐相处的模式非常成功。

地球是一个共同体，我们人类的命运和自然、生态都是息息相关的。

正确答案是A，你答对了吗？

“钳子”大小不一的招潮蟹

今天，我们跟随动物观察员洪紫千来到浙江省宁波市的象山。在象山韭山列岛国家级自然保护区，下午四点，章鱼、弹涂鱼、口虾蛄等小动物正趁着太阳还没坠入海面，在滩涂上“活动筋骨”。洪紫千发现了一种体色偏红的螃蟹，它的“钳子”一个大、一个小。当地人叫它红钳蟹，实际上，它的学名叫“招潮蟹”。

请判断

招潮蟹在遇到危险的时候，会舍弃自己的一只“钳子”。

A. 真的　B. 假的

嘉宾观点

小玉：我认为是真的。像壁虎这样的动物都有这种特性，遇到危险时，通过舍弃自己的身体器官来摆脱对手，换来生命。招潮蟹应该也有这样的特性。

张博士的科学小课堂

招潮蟹的“钳子”一大一小，它们是有分工的。小的可以往嘴里放食物，大的则是为雄性之间的搏斗而准备，它体现出一种力量感，是雄性特征的表现。

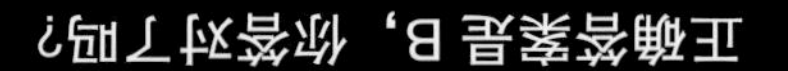

奇特的中华凤头燕鸥

在浙江象山韭山列岛国家级自然保护区，你可以看到极为罕见、行踪神秘的神话之鸟——中华凤头燕鸥。中华凤头燕鸥头顶的冠羽向后延展，被风吹后形成“凤头”，因此得名。洪紫千乘着船，带领我们来到一座小岛上。天哪，岛上怎么会有这么多神话之鸟？咦，它们站在那里一动不动，原来都是假的啊！别灰心，我们就在这里静静地等待，看看能否等到尊贵的客人吧。

正展翅翱翔的中华凤头燕鸥

哈哈，来了，来了！羽毛颜色偏白的就是中华凤头燕鸥。它们翩然降落在山头的沙地上，给海岛带来了勃勃生机。可是，保护区的人为什么要搁这么多假鸟在这里呢？

请答题

搁一些假中华凤头燕鸥在山头的用意是什么？

A. 作为纪念地标　B. 驱赶其他海鸟

C. 吸引中华凤头燕鸥降落

嘉宾观点

小丽：我选 C。如果自然生态破坏得很严重了，就需要专门开辟一片区域给候鸟栖息，那是它们的家。

张博士的科学小课堂

过去，人们喜欢用人工鸟巢来吸引鸟儿栖息，现在大家发现，用设立雕像的方法来吸引鸟儿会更有效。因为中华凤头燕鸥的数量很少，它们的警惕性高，所以当它们看到一座岛屿中有很多同类时，就愿意过来。

中华凤头燕鸥和大凤头燕鸥是混群的，这样做的好处是，它们可以共同御敌，降低被捕食的风险。中华凤头燕鸥的特点是嘴尖处呈黑色，所以也叫“黑嘴端凤头燕鸥”。当看到自己的朋友大凤头燕鸥的雕像时，它们感到周围环境安全，就会降落栖息啦。

长知识啦

中华凤头燕鸥生活、繁殖于山东、浙江一带海岸，冬季则迁徙至广东、福建等省及菲律宾、马来半岛等地海岸。主要吃鱼、甲壳类和其他无脊椎动物，通常将巢建在低矮植物生长的沙地上。一对中华凤头燕鸥一年只产一枚卵，会孵化并饲养幼鸟。

中华凤头燕鸥在《世界自然保护联盟受胁物种红色名录》中被列为极度濒危,是接近灭绝的罕见鸟类,世界仅存不到150只,被人们称为“神话之鸟”。

浙江象山韭山列岛中铁墩屿已成为全球中华凤头燕鸥最大的繁殖地。

中华凤头燕鸥繁殖失败的主要原因是人为捡蛋和台风，蛇、鼠和猛兽等也是威胁其繁殖的因素。

孤独的守望者

摄影师、护林员、科研人员、兽医、动物保护志愿者……虽然工作任务不同，但这些奋战在一线的人正用自己的方式守护着野生动物。

刚出生的小海龟需要快速爬进海水里

水下摄影师周杞楠与海洋生物结缘已有十年。我国周边海域生活着许多海洋生物，摄影师的镜头能带大家领略到大自然的神奇。除了拍摄，水下摄影师还有个习惯：看到海洋中的垃圾便会捡走，遇见被困的动物会尽力帮助其脱身。一次水下拍摄时，周杞楠遇到了一只因误食塑料袋而痛苦不堪的绿海龟，他及时伸出援手，挽救了它的生命。

龟妈妈在海边产卵

有一群摄影师起早贪黑地工作却常常空手而回，能拍摄到野生动物最自然的状态对他们而言便是最高的奖赏。

摄影师镜头下的藏羚

滇金丝猴生活在我国四川、云南、西藏三省交界处，是世界濒危物种。

为了提高人们对藏羚的保护意识，刘宇军拍摄这群小精灵已达三十年。他和队友多次进入无人区，苦苦寻找藏羚的繁殖地。他们不仅要越过死火山、跋涉百里冰川，还要应对补给不足、队员失联、陷入沼泽等突发状况。一次次无功而返让刘宇军沮丧无助。一次，就在几乎失去希望之时，他们意外地发现，几千只藏羚缓慢地朝他们走来。刘宇军的心情万分激动：“在卓乃湖畔，我们终于找到藏羚的繁殖地了，世界之谜解开了！”

同样是运用相机，摄影师奚志农唤醒了人们对金丝猴的认知和保护。他拍摄的名为《母与子》的照片，让大家认识了云南白马雪山的滇金丝猴。云南的另一种珍稀鸟类绿孔雀的种群数量因栖息地的破坏而急剧下降，找到绿孔雀就很困难，拍摄到它们的影像更是难上加难。为了拍摄，奚志农常年穿梭于山林间。2017 年，他终于在小江河河谷拍摄到野生绿孔雀的画面。

摄影师用镜头记录着动物的精彩瞬间，用兢兢业业的工作换来人们对野生动物的关注和保护。

（供图 / 刘宇军）

请判断

上图是两只雄性藏羚为争夺配偶而打架的画面，这是摄影师在春季拍摄的。

A. 真的　B. 假的

嘉宾观点

小宇： 我认为是假的。春天是动物发情的季节，它们会在春天争夺配偶。藏羚的栖息地海拔很高，据说五月份还在下雪。图中一点雪都没有，所以我觉得不真实。

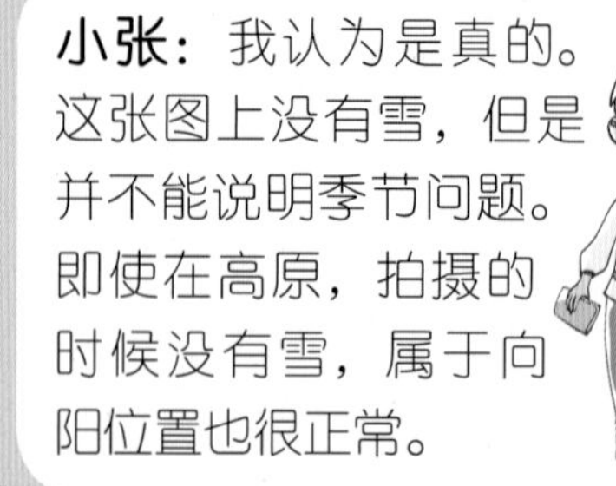

张博士的科学小课堂

雄性藏羚会在每年秋冬季用打架的方式来争夺配偶，而雌性藏羚的孕期是 7 个月，它们会在气候温暖、食物丰富的季节，也就是来年六七月时生产，这样更利于幼崽的生长。

当一名野生动物摄影师需要了解动物的习性。我们对藏羚的认知，正是通过长期观察掌握的。所以说，摄影师的工作为科学工作者研究这些野生动物提供了重要的参考。

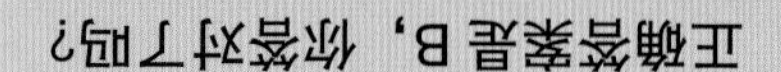

勇敢的守望者

有一群默默无闻的巡护员，他们原来的身份是猎人，国家推进建立自然保护区及国家公园后，这些熟悉当地情况的猎人转为巡护员。他们守护山里的一草一木，守护野生动物的家园。

你听说过“东北虎栖息地巡护员竞技比赛”吗？东北虎是现存世界上最大的猫科动物，也是全球濒危物种之一。参赛的巡护员们一点不敢大意，他们要找出隐藏在大山深处的盗猎工具，扫除一切危害东北虎安全的隐患。为了寻找猎套，巡护员每天至少要走 5 千米山路，他们既要应对东北地区极端寒冷的天气，又要清理盗猎分子留下的猎套。他们默默坚守在森林里，无怨无悔。

在中国南部的蔚蓝色大海边，也有一群守护“海洋小精灵”的人。北岛是三沙市七连屿中的一座小岛，每年七八月份，绿海龟会游到它们的出生地产卵。岛上的渔民生活在这里，靠捕鱼、捡螺为生，他们也是绿海龟的保护者。黄宏波和儿子黄程每天都要巡岛，检查是否有新的海龟上岸产卵。父子俩与海龟打交道多年，对它们的习性了如指掌。每天晚上，黄程都要巡岛一周，给绿海龟投放餐食。为了不惊扰它们，大家都不开灯，只借助微弱的月

一只正在岩石间穿行的伊犁鼠兔

光和手电筒光前行。随着一窝窝海龟卵的孵化，北岛有了更多海龟产卵保护区，越来越多的小海龟能够出生并游向大海。这些“海洋小精灵”如果会说话，一定会向默默付出的人们表达谢意吧！

还有一位动物守护者在新疆天山守护伊犁鼠兔 30 多年，他便是李维东。伊犁鼠兔仅生存于中国新疆，被列入《世界自然保护联盟濒危物种红色名录》，现存数量不足 1000 只。从 2002 年到 2004 年，李维东和同事们先后四次爬上海拔 3000 多米的天山主峰，寻找伊犁鼠兔的身影。他们翻山越岭，遇到过各种危险，而一次次无功而返又叫大家心情沮丧。2014 年，李维东终于见到了伊犁鼠兔，拍下了引起全世界关注的照片，让消失了 20 多年的伊犁鼠兔再次回到人们的视野中。

正是因为基层巡护员的勇敢担当，我们才有机会与各种各样的生命共享美丽的地球。

请答题

把远红外线相机架设在什么位置更利于拍摄到伊犁鼠兔？

A. 鼠兔经常排泄的地方　B. 发现鼠兔脚印的地方

C. 鼠兔放过哨的地方

嘉宾观点

小宇：我选 A。伊犁鼠兔挺像老鼠的，它不是群居动物，不会梗着脖子在一个地方死守，放哨时会移动，远红外线相机就不一定能抓拍到它。

小张：我选 A。动物通过排泄来标记领地。它每天都在这个地方排泄，就有可能被拍到。

张博士的科学小课堂

巡护员在找寻野生动物时能发现很多痕迹，包括脚印、粪便等，根据这些痕迹知晓动物的存在。排泄是动物标记领地的行为，动物排泄位置通常又是固定的，发现粪便意味着它们来这里的概率很高。巡护员要了解野生动物和自然生态的基本情况，兼顾科学研究任务。有了他们的工作，我们才能对自然、生态、野生动物有全面的认识。他们就像免疫细胞一样守护着自然生态系统的健康。

麋鹿与荒漠猫的“复活”

科研人员为物种的恢复和繁衍默默付出，科研工作看似艰辛而枯燥，可一旦取得成就，便是惊天动地。

麋鹿原产于中国长江中下游地区，清朝末年，由于洪水和战乱等原因，麋鹿在中国本土灭绝。1985 年，时任北京动物园园长的谭邦杰启动了麋鹿“重引入”项目。他们辗转从英国引入 38 头麋鹿，如今，麋鹿种群不断壮大，它们依然在北京南海子麋鹿苑豢（huàn）养。从此，麋鹿在中国“复活”了！现在，中国的麋鹿数量已有约 10000 只。时隔多年，北京南海子麋鹿苑的工作人员依然在保护着麋鹿种群，将它们放归自然，让麋鹿回到祖先原本生活的地方。

在角没有长好的时候，麋鹿会小心翼翼地保护自己的角不被撞断，以便在发情期“使用”。

销声匿迹多年的荒漠猫也回到了人们的视野中。荒漠猫看似可爱，实则性情凶猛，以鼠兔、鸟类、鼠类等为食物。2007 年，科研人员在青藏高原东缘拍下了世界上首张荒漠猫照片。时隔 11 年，科研人员韩雪松再次监测到荒漠猫的身影。为了找到荒漠猫的踪迹，韩雪松往返嘉塘草原近百次，但是荒漠猫行踪难觅，他也只能通过远红外线相机拍摄素材来研究。2018 年 12 月，韩雪松终于看到了荒漠猫母猫带着猫宝宝晒太阳的一幕。两三个月后，他发现母猫和它的“女宝宝”已不知去向，而“男宝宝”却在老地方频繁出现，还在中午捕食鼠兔。不久，“男宝宝”又找到了自己的异性伙伴。

科研工作者付出的努力，值得我们每个人钦佩和赞美。

请答题

荒漠猫是如何处理自己的粪便的？

A. 排泄在地表不掩埋　B. 排泄在石缝处不掩埋

C. 排泄在地面用土掩埋

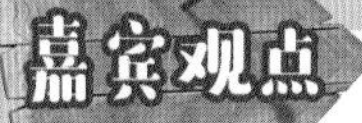

小宇：我选 B。我没听说过猫排便后自己埋粪便的。

小张：我选 C。我养过猫，亲眼见到过猫排便之后用爪子刨土埋了。荒漠猫排便应该会像家猫一样，将粪便埋在土里。

张博士的科学小课堂

作为小型猫科动物，荒漠猫排便会像家猫一样，把粪便埋进土里，避免暴露行踪。

正确答案是 C，你答对了吗？

饲养员的“奇妙”技能

动物园是动物的家，而每家都有一位特殊的管家，这就是动物饲养员。为了让这些“家庭成员”过得更快乐，饲养员不得不练就一些“奇葩”——不对，是“奇妙”——“奇妙”的技能。

亚洲象前脚有 5 个脚趾，后脚有 4 个脚趾。

在城市动物园中，因为地表条件有限，大象指甲的磨损度不够，会对脚部造成伤害，还会危害大象的健康，所以为大象修脚成了饲养员的必备技能。饲养员朱瀚青的“奇妙”技能就是给大象修脚：第一步，清洗；第二步，磨指甲；第三步，去死皮。为了让大象接受人类提供的“美甲”服务，整个修脚过程饲养员要在 15 分钟内完成。在这个时间段，他们会给大象提

上海野生动物园里的猛禽——游隼

供美食，时间长了，大象便会熟悉这种模式，在饲养员到来之前站好位置。虽然修脚的过程很辛苦，但是看到大象修脚后开心玩耍的样子，朱瀚青感到十分欣慰。

姚佳是上海野生动物园的猛禽饲养员，在工作的七年中，她常常因受到猛禽攻击而苦恼。刚开始养猛禽的时候，姚佳并没觉得危险，但是，真的被它们攻击后，她才知道它们的攻击性不容小觑。为了躲避攻击，姚佳戴上了棒球帽，后来又换成草帽，防御效果都不理想。猛禽和人类是无法交流感情的，它们大多数没有哺乳动物的智力，并不会因为饲养员对它们的照顾而产生情感和回报。姚佳和同事们经过多次尝试，终于掌握了利索打扫猛禽笼舍并全身而退的技能。看来，自从姚佳戴上“神器”摩托车头盔以后，猛禽都被震慑住了。现在你明白了吧，这就是只属于饲养员和动物之间的小默契。

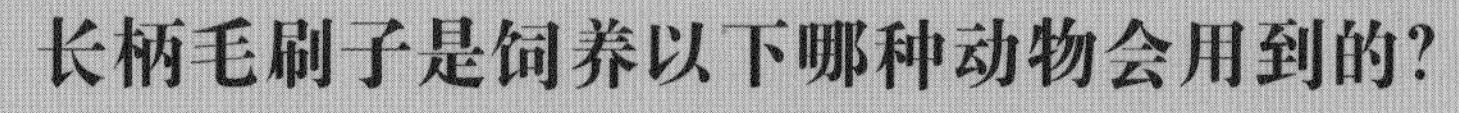

A. 金丝猴　B. 犀牛　C. 鳄鱼

嘉宾观点

小宇： 我选 B。我觉得犀牛角、犀牛背经常暴露在外，是很硬的身体部位，清洁的时候需要长柄毛刷子。鳄鱼和金丝猴至少没有犀牛那么脏。

小浩： 我选 B。犀牛是厚皮动物。在野外，如果身上寄生虫比较多，犀牛会在泥中打滚洗澡；在动物园，它就要让饲养员用长柄毛刷子清理了。

小玉： 我选 C。鳄鱼上岸的时候，体表会附着淤泥、绿藻等东西，我觉得长柄毛刷子是给鳄鱼刷身体用的。

原来如此

白犀饲养员： 使用长柄毛刷子是为了给白犀按摩。白犀的性格十分暴躁，经常打架，它们的身体会因为打架而留下伤痕。虽然它们大部分皮肤比较坚硬，但腹部和腿部的褶皱处比较娇嫩，容易受伤，伤口又不容易被人们发现。为了和白犀建立信任，顺便检查身体的褶皱处有无受伤，我们就想出了利用刷子按摩来和它增进情感的办法。建立信任后，白犀就乖乖地让我们检查身体了。

张博士的科学小课堂

我们的动物饲养员在平时的工作中真的很投入，绞尽脑汁地去琢磨各种技能和方法，提高动物的生活质量，这恰恰反映了中国劳动人民的智慧，这些招数在其他国家的动物园里可是见不到的。利用各种“奇妙”技能能解决实际问题，为的就是让动物吃好、睡好、休息好。

正确答案是 B，你答对了吗？

老刘和他的“小八”公主

动物和人类之间的情感是复杂而多变的。饲养员和动物朝夕相处，倾注关爱的饲养员也能得到动物的情感回报。瞧，北京动物园的饲养员刘峥和他的大天鹅“小八”就是最好的证明。

“小八”是一只即将成年的雌性天鹅，从它出生后第一眼见到老刘时起，他们就有着不解之缘。

老刘说：“‘小八’和我特别亲。我越不理它，它就越要在我周围捣乱，吸引我的注意。”

“小八”把饲养员当亲人看待，每当它在水禽湖里受了委屈，都会寻求老刘的安慰和庇护。时间久了，“小八”变得不想融入天鹅群，甚至没什么天鹅朋友。作为举止优雅的水禽，波光粼粼的水面你不去游，偏偏喜欢跟脚黏人，着实有伤天鹅一族的面子呀！老刘觉得，不能再这样下去了！

自从不搭理“小八”后，老刘的心中挺不是滋味，但是躲避

老刘朋友圈里的“小公主”——“小八”

的苦心总算没有白费。几个月后，“小八”慢慢回到大天鹅群中，适应了群体生活。现在，反倒是“小八”不怎么理睬老刘，和老刘成为“最熟悉的陌生人”了。遇到老刘它就打个招呼，黏人的事再也不干了。心情好的时候，“小八”在老刘身边会游上几圈再翩然离去；心情不好了，干脆直接游走。虽然老刘惦记“小八”，但它现在的状态倒是让老刘十分欣慰。

保护动物的野性和生活习惯才是饲养员最希望看到的事。人工饲养时，鸟类的“印随效应”多有发生。人和动物常常有很深的情感，但动物和人之间仍有难以言说的疏离感，这是人与动物的天然法则，人类能做的就是保持距离、尊重自然。

请判断

鸟类刚出生时，会把稳定移动的玩具车当成亲鸟一样跟随。

A. 真的　B. 假的

嘉宾观点

小宇：我认为是真的。有些鸟类出生后第一眼看到的是饲养员，就会把饲养员当作亲人了。

小玉：我认为是真的。鸟类确实有“印随效应”。它在出壳后会把第一眼看到的移动物体当作亲鸟，所以我认为是真的。

小丽：我认为是假的。我觉得大家太低估鸟类的智商了。如果一切有生命、没生命的都在晃动的话，那刮风时的柳树叶是不是也会被鸟类当作亲人呢？

小浩：我认为是真的。既然雏鸟能把人当成它的亲鸟去跟随，那换成玩具车应该是一样的。

张博士的科学小课堂

科学家做过很多实验：移动的车、工具和随风摆动的树叶相比还不是一回事。只要雏鸟能跟得上移动的工具，它就会认定那是它的亲鸟——它们就是那么呆萌！

正确答案是A，你答对了吗？

生命中的第一次

在野外、保护区，在动物园、繁育中心和海洋馆，每当新生命即将降临世界，母亲们都将面临艰难的挑战。

这是斑海豹“冏冏”第一次生宝宝，疼痛使它不停地翻滚着。同样难熬的还有“冏冏”的饲养员——大连圣亚海洋世界的李庆南。斑海豹的生产过程充满未知性，有的时候特别顺利，有的时候又会有波折。斑海豹从水中游出，胎膜还没有破，需要饲养员把胎膜划破，这样幼崽才能成活。斑海豹妈妈往往在午夜生产，任何风吹草动都会影响到它们的情绪。从入夜到凌晨，饲养员一直盯着监控屏幕。他们心里清楚，在接下来的 10 分钟内，如果母斑海豹还没有完成生产，小斑海豹就会有窒息危险。同一间产房里的另一只斑海豹妈妈已经生下了宝宝，而“冏冏”仍然在煎熬着。

终于，人们发现，在“冏冏”痛苦摆动身体的同时，小斑海豹一点点露了出来。小家伙笨拙地扭动着，用小肚皮初次体验这个世界的温度。虽然“冏冏”的生产过程十分艰难，但初见宝宝的那一刻，它的一切努力都是值得的。

另一间产房里还有一个待产的妈妈，它就是国宝大熊猫。宝宝独特的“弹射式”出生方式还是把没有生产经验的妈妈吓了一跳。刚生出来的宝宝还没缓过神来，就被妈妈叼在嘴里了。妈妈的爱好热烈啊，宝宝第一次躺在妈妈的怀里，感受妈妈的温度，享受着妈妈的亲吻。

同样忍受产前阵痛的还有大连森林动物园的长颈鹿妈妈“童童”，疼痛使它焦躁地在屋子里踱步。由于“童童”是第一次生宝宝，饲养员和兽医们都紧张地守在产房外。终于，小生命顺利

降生了。宝宝刚出生时怎么也站不起来，左前肢压在了脖子上。就在饲养员想要靠近宝宝的时候，出于母亲的本能，“童童”突然往前冲去，想保护宝宝。如果不能及时把宝宝的左前肢拿下来，会直接影响到它的正常呼吸，每耽搁一分钟就会多一分危险！终于，饲养员抓住机会，将宝宝的左前肢挪开，危机解除了。

不久后，长颈鹿宝宝靠着自己的努力站立起来，这就是生命的力量，它用自己的努力获得生存的资格！

每一个动物宝宝都是动物妈妈心中的宝贝，我们祝宝宝们健康成长，顺利踏上美好的生命旅途。

请答题

人工育养刚出生的动物幼崽时，第一口应该喂什么？

A. 水　B. 奶粉　C. 葡萄糖

嘉宾观点

小宇：我选 C。葡萄糖是能量的来源，它比较温和，能促进幼崽肠胃的蠕动。

小张：我选 B。无论动物的幼崽还是人类的孩子，出生第一口吃的都是母乳。在人工育幼的时候，奶粉是调配好的，营养会很均衡。

小泽：我选 C。动物宝宝刚出生时肯定需要补充能量，水里面是没有多少能量的，而吃奶粉会使消化变得困难。

小丽：我选 C。有时候如果你给小猫小狗喂奶粉，它会肠胃不适。所以我觉得喂葡萄糖更安全。

张博士的科学小课堂

当遇到母亲长时间不带崽的时候，动物园会把幼崽抱出来人工育幼，但不会马上就喂奶粉，而是先给幼崽喂葡萄糖，补充体能，防止幼崽出现脱水现象。

在自然状态下，非洲的长颈鹿出生后，妈妈是不管幼崽的，如果幼崽站不起来，妈妈只能将其抛弃，否则狮子也会把妈妈吃掉。饲养员把长颈鹿的腿挪开，它就呼吸顺畅，活了过来，但自然界中，长颈鹿远没有那么幸运。如果遭遇同样的情况，结果如何呢？很可能是被大自然淘汰。

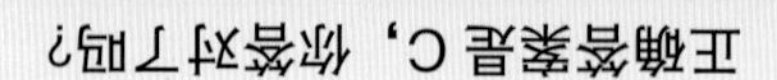

开学第一课

以前人们觉得利用工具是人类的特长，其实，利用工具对很多动物来讲也非常重要。卷尾猴要花时间学习用什么样的石头砸开坚硬的果壳，红毛猩猩要学会如何去搭建一张床，这些都是需要后天学习的。

懵懂可爱的动物宝宝逐渐长大，它们面临的首要的任务就是学习技能，而母亲则是动物宝宝生命中的第一位老师。这不，一头小象在光滑的土坡上“滑滑梯”，旁边的象妈妈一边示范着如何选择无毒、美味的树叶，一边气鼓鼓地看着自己的孩子：“有好路你不走，非得去打滑。我忍，心中默念这是亲生的！”象宝宝，你要好好跟着妈妈，学习大象的食谱知识啊！妈妈正在咀嚼的这个叫马唐草，这个能吃；长在它旁边的植物叫滴水观音，不能碰也不能吃……你都记住了吗?

当动物再长大一点，就要送“动物幼儿园”接受进一步教育

啦。红毛猩猩“芳芳”进入幼儿园时没有哭闹，这让饲养员很是欣慰。一个动物走向成熟的标志就是克服离开父母的焦虑，“芳芳”做到了。哎，不对，人家不黏父母，黏起饲养员了！

红毛猩猩是树栖动物，饲养员通过设置吊绳来训练攀爬，锻炼它的四肢协调能力。哟，今天的吊绳训练难度有点大，老师，您这道题超纲了！

刚开始教红毛猩猩学习攀爬时，饲养员需要亲自上阵，又是“言传”，又是“身教”。不过饲养员毕竟是人类，亲自示范做得有些不到位，“芳芳”得换一个专业点的老师。

还好，这种问题难不倒聪明的饲养员，这不，好老师“园园”出场啦！“园园”是“芳芳”的哥哥，相信在哥哥的指导下，“芳芳”学会攀爬指日可待。果然，在哥哥的带领下，“芳芳”终于不再把注意力集中在饲养员身上了，它勇敢地迈出了攀爬的第一步。长大后的“芳芳”一定要做树林里最优雅的攀爬高手呀！

生活就像一条溪流，你很难察觉其中变化的力量。转眼间，小动物长大了。调皮搞怪的小象、黏人“求抱抱”的小红毛猩猩，未来的路等着你们来开拓。

请答题

以下哪种行为需要通过后天练习才能熟练运用？

A. 大象用鼻子抓取物品　B. 卷尾猴用尾巴辅助攀爬

C. 雄孔雀开屏求偶

嘉宾观点

小宇：我选 A。孔雀开屏是先天的行为。大象的鼻子虽然很灵活，但如何熟练运用鼻子上的肌肉，还需要后天的训练。

小泽：我选 B。节目中的大象可以用鼻子抓取东西，只是它需要掌握哪些植物可以吃，哪些不能。红毛猩猩需要练习才能熟练地攀爬，所以我想，卷尾猴也是需要练习的。

张博士的科学小课堂

卷尾猴可以很快掌握用尾巴辅助攀爬的技巧，雄孔雀会开屏炫耀，这都是它们与生俱来的技能。大象的鼻子包含大大小小的近四万块肌肉。小时候的大象并不知道怎么运用象鼻子上的肌肉，象宝宝出生时只会用嘴喝奶，用鼻子去抓取东西需要反复练习，才能逐渐掌握。

动物的“人”生大事

动物跨过出生这道坎，也走过了为独立生存而学习的阶段，是建立自己小家庭的时候了，这可是动物一生中的大事。为了赢得配偶的芳心，它们会不遗余力地炫耀技能或相貌，还会制造浪漫——歌唱、跳舞甚至舞刀弄枪、动用蛮力……

在重庆乐和乐都野生动物世界里，成年雄性鹈鹕“溜溜”和它的饲养员叶剑伟是好朋友。“溜溜”是人工育幼长大的鹈鹕，叶剑伟不仅照顾“溜溜”的日常生活，还操心“溜溜”的终身大事。这不，动物园为“单身”鸟类筹备的相亲大会即将开始，“溜溜”已经迫不及待了。虽然刚开始它还有些忐忑，担心今天帅不帅，一会儿和“女孩子”见面聊什么话题，但是一看到养殖塘里美丽大方的雌鹈鹕，“溜溜”一个箭步就冲了上去——主动出击才有机会，哪儿还有时间腼腆！很快，“溜溜”就有了目标。张开翅膀展示自己吧，祝“有情鹈鹕”终成眷属。

您要是觉得动物相亲都能顺遂人意，那可就想多了。瞧，单身雌性巴布亚企鹅“豆豆”因为天生毛色较浅，不符合雄企鹅的审美标准，找对象就成了老大难问题。

“你好，我叫‘豆豆’，了解一下？”

“哼……”

相貌上的尴尬让“豆豆”郁闷极了：“唉，众鹅皆黑我独灰，我的真爱在哪里啊？”

相亲季一过，到了繁殖季，别的企鹅都在抢房子、孵蛋，而“豆豆”仍是“单身鹅”一只。咦，“豆豆”怎么变了样？发际线堪忧、蓬头垢面……只希望它能提前换羽，有一个质的飞跃。

你看，尽管动物寻觅配偶存在着不确定性，但这就是它们成长过程中的必经之路啊！

请答题

以下哪种动物实行一夫一妻制？

A. 大熊猫　B. 狼　C. 猎豹

嘉宾观点

小丽：我选 B。一个狼群是由狼王和它的配偶、子女组成的，整个狼群由小夫妻来带领。

小浩：我选 C。我们常看到猎豹三五成群，我把它们想象成一支队伍，由父母带着孩子。

张博士的科学小课堂

虽然人们总认为狼是绝情、冷漠的动物，但狼是一夫一妻制，对伴侣非常忠诚。关于动物的配偶制度，大家听到的多是一夫多妻制，达尔文也提出过“性选择”理论。我们观察鸟类，会发现雄性的羽毛越漂亮、颜色越鲜艳，代表它们身体越健康，基因越优良。在这种情况下，一夫多妻的现象很普遍。强壮的雄性可以尽可能地扩展它的基因，让最优良的基因得到延续。

正确答案是 B，你答对了吗？

趵突泉里有动物吗

今天，动物观察员戴晋带我们来到了济南。济南是著名的泉城，趵突泉是济南七十二泉之首，它的水量惊人，水源来自天然的地下石灰岩溶洞。您可能会好奇，趵突泉里有动物吗？答案是有！泉水中有锦鲤，锦鲤被人们视作长寿的象征。接下来，我们的问题来啦！

锦鲤的寿命很长，可以超过七十年。

A. 真的　B. 假的

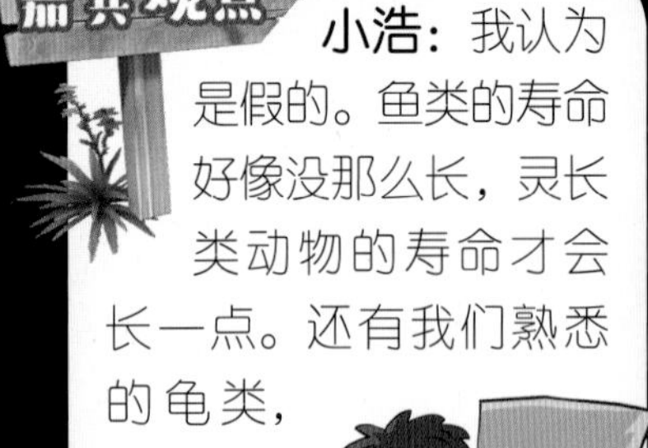

小浩：我认为是假的。鱼类的寿命好像没那么长，灵长类动物的寿命才会长一点。还有我们熟悉的龟类，也是“长寿派”的代表。

张博士的科学小课堂

锦鲤其实是人工培育的品种，只要有人的干预，它的寿命被延长就是很正常的。历史上曾经有三代日本人养了一条锦鲤的事发生，可见这种动物寿命之长。

正确答案是A，你答对了吗？

大熊猫的“手指”

我们跟随动物观察员戴晋，来到济南野生动物世界，探访这里的动物。就在这个春天，动物园里诞生了很多动物宝宝。我们看到的第一个宝宝是黑天鹅，它的样子和爸爸妈妈相比，差别很大。这边，三只小棕熊刚被饲养员领出来晒太阳；那边，小赤颈袋鼠躲进饲养员的布袋子，仿佛在妈妈的育儿袋里。我们的国宝大熊猫“二喜”从成都搬家到济南，已经两年了，它的新玩具和娱乐设施供应充足。今天，工作人员为它准备了苹果和竹笋，眼看着它吃得差不多了，我们的问题也来了！

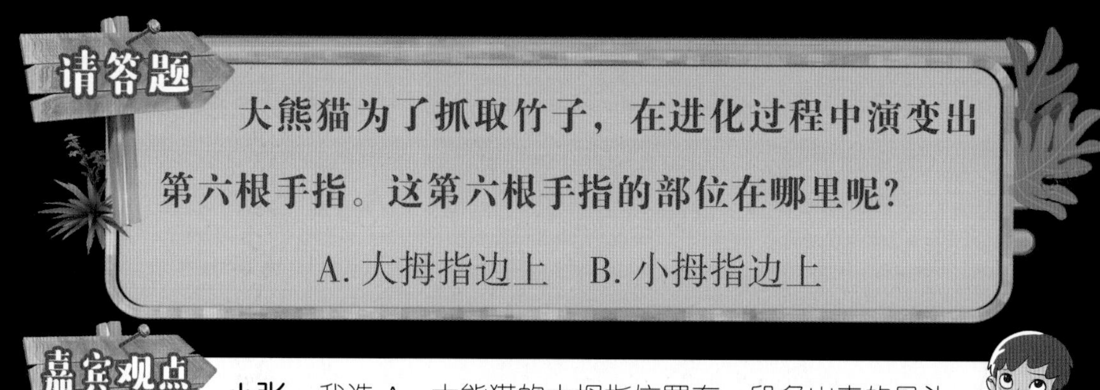

请答题

大熊猫为了抓取竹子，在进化过程中演变出第六根手指。这第六根手指的部位在哪里呢？

A. 大拇指边上　B. 小拇指边上

嘉宾观点

小张：我选 A。大熊猫的大拇指位置有一段多出来的骨头，其实是它腕骨的一部分，就相当于我们的大拇指，可以帮助大熊猫抓握竹子。

正确答案是 A，你答对了吗？

珂依成长的烦恼

大家好！我叫“珂依”——一只小黑猩猩。今天我要和大家聊一聊我和我的动物朋友在成长过程中的烦恼。

最近，饲养员爸爸把我的单间公寓扩建成了集体宿舍。我和两只小狮子成了邻居。你们总说我喜欢欺负两只小狮子，你们看到的是我对小狮子左勾拳加右勾拳的画面，还是一组“魔幻无影掌”的画面？其实，我可不是在欺负它们。我之所以这样做，是因为从“单身公寓”搬到“集体宿舍”，我真的太开心了！

你们总说我不让小狮子好好吃饭，你们眼里的我，在小狮子吃肉的时候不是拖着它的尾巴，就是拉着它的胳膊？其实我是不明白，为什么小狮子吃的都是腥味重的生肉？我希望它们都能和我一样，喝好喝的牛奶，吃酸酸甜甜的水果。你们都误会我了！

我还喜欢和小狮子一起玩玩具，这样，小狮子就能注意到我，接受我做它们的朋友。其实，我的心里也很苦啊！谁的童年没有遭遇过误解呢?

你以为只有我有成长的烦恼？那你可就大错特错了！在人类为我们建造的动物园里待久了，你就会发现，很多动物都有成长的烦恼，我们一起去看看！

在大熊猫馆里，有一种饿叫“妈妈觉得你饿”——明明已经吃饱了，饲养员妈妈却还让大熊猫吃东西。有一只大熊猫宝宝撑得打起了嗝，干脆爬到树上躲清静去了！

在羊驼饲养区，有一种热叫“爸爸觉得你热”——明明羊驼身上的毛不碍什么事，可饲养员爸爸非要给它剪个精光。咔嚓，咔嚓嚓！你还别说，虽然光秃秃的不好看，但是挺凉快的！

有一种生活方式叫“妈妈觉得你不运动”，中美貘宝宝其实就想做一个安安静静的“美男子”，可中美貘妈妈老用鼻子拱它。哎，没办法，求宝宝的心理阴影面积是多少！

算了，我也不纠结了，谁的成长过程中都有被误解的烦恼啊！

请答题

中美貘宝宝总是喜欢趴在角落里的主要原因是什么?

A. 警惕天敌，隐蔽自己　B. 夏季高温，保存体力

C. 四肢力量较弱

嘉宾观点

小宇：我选B。警惕天敌可以躲得再隐蔽一点，躲到角落是没用的。四肢力量较弱也被我排除了，因为它的四条腿看起来还是挺强壮的。

小丽：我选B。我对中美貘宝宝不是很了解，但对我家的猫很了解。猫的汗腺在它脚下的肉垫上，它就用那个肉垫接触凉的东西来为自己降温。我猜想中美貘宝宝和我们家的猫差不多，夏季高温时为了保存体力，就会趴在角落里。

张博士的科学小课堂

中美貘生活在中美洲热带雨林中，属于独居动物。小貘利用自己身上的条纹隐蔽在灌丛中休息。当貘妈妈确定周围环境是安全的之后，会用鼻子拱一拱小貘，告诉它可以运动运动啦!

喜爱运动和喜爱安静其实都是一种天性。貘科动物在自然界是有天敌的，貘妈妈不可能将小貘随时带在身边，便会将它藏在隐蔽的地方。斑驳的皮毛可以起到自我保护和隐蔽的作用。

节目中的小猩猩“珂依”喜欢去逗小狮子，这种行为也是动物的天性。一些智商较高的动物，本身就有爱玩耍的天性。饲养员让它们充分释放自己的天性，这一点做得很好。

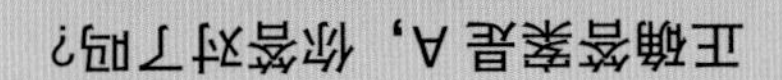

动物医院里的日常生活

谁的童年没有过病痛的烦恼？小朋友最害怕去的地方就是医院，而动物有了头疼脑热，又会怎么应对呢？

在动物医院里，兽医正在查房：“1 号床双胞胎大熊猫宝宝呼吸正常，生命体征平稳；3 号床小赤猴要注意饮食，5 天后逐步加入运动训练；7 号床袋鼠宝宝恢复得不错，明天可以回幼儿园上学了……哟，三个月前出生的 6 只小华南虎今天该注射第二次疫苗了——全球的华南虎只有 100 多只，可要小心照顾啊！”

为了给华南虎宝宝打上疫苗，兽医们尝试着安抚它们，用奶瓶转移它们的注意力，但是没有成功。最后实在没有办法，兽医们拿出了撒手锏：用虎宝宝的最爱——肉来吸引它们。

虽然人们以前也试过用肉来转移虎宝宝的注意力，但效果并不理想。这一次，兽医们总结经验教训，延迟了“开饭”时间。

终于熬到开饭了，虎宝宝们奋不顾身地向前冲：“不对，怎么后背有点疼啊？算了，不管了，抢肉要紧！”

哎，可爱的虎宝宝最终还是没有躲过人类为你们设下的“圈套”啊！

动物只有疫苗的保护还不够，还要经常做些户外运动。只是，天有不测风云，北京动物园饲养员张款发现，刚出生的小领狐猴“大宝”从高处摔了下来，趴在地上一动不动，动物急诊室赶紧派人会诊治疗。经过初步检查，人们发现“大宝”并没有外伤，无法动弹的原因也许是神经受到了压迫。由于“大宝”年龄小，不适合进行任何手术。更糟糕的是，领狐猴妈妈出现了弃崽行为。如果“大宝”一直这样下去，它面临的很可能是死亡……

就算它的妈妈都放弃了，张歆也不愿意放弃对“大宝”的救治。她将做抚触康复的用品全都用在了“大宝”身上。可是，几次尝试后，“大宝”的身体依旧没有好转的迹象。

张歆依然不灰心，她日复一日地给“大宝”按摩，奇迹终于发生了！有一天，正在给“大宝”按摩的张歆发现，“大宝”的小腿忽然蹬了一下——“太好啦，太好啦！有反应就有康复的希望！”张歆兴高采烈地说。

在张歆的努力下，“大宝”从刚开始只有微弱的反应到现在四肢可以正常活动，进步飞快。这不，就连引体向上它都能做上一组了！

我们真心希望在成长的道路上，每一个动物宝宝都能少一些病痛的烦恼，祝它们有一个健康快乐的童年。

领狐猴是体形最大的狐猴，喜食水果，会为幼崽建造树叶巢穴。

请答题

在野外，领狐猴数量缩减的主要原因是什么？

A. 每年仅繁殖两次　B. 栖息地遭到破坏

C. 天敌数量多

嘉宾观点

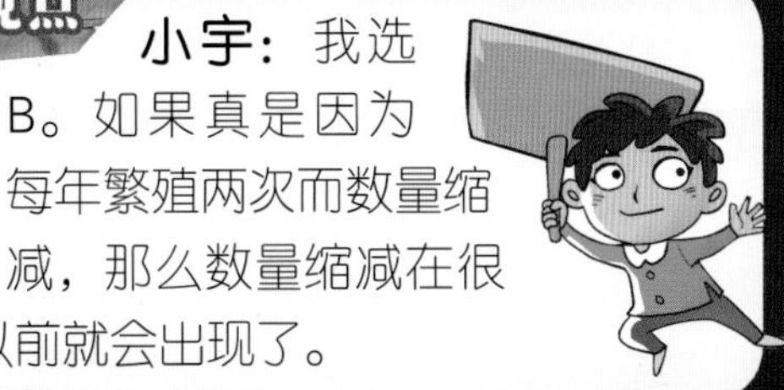

小宇：我选 B。如果真是因为每年繁殖两次而数量缩减，那么数量缩减在很久以前就会出现了。

小泽：我选 B。我们的生活、消费习惯会影响到马达加斯加岛上的领狐猴，使它们的生存环境受到影响。

小丽：我选 B。领狐猴的天敌数量就那么多，只有栖息地遭到破坏才是它们数量骤减的主要原因。

张博士的科学小课堂

领狐猴主要栖息在非洲马达加斯加岛的热带雨林地区，人类乱砍滥伐对领狐猴栖息地的破坏是这一种群数量减少的主要原因。领狐猴妈妈一年仅繁育一次，一般一胎为 1~2 只。领狐猴的主要天敌是马岛獴，但马岛獴的数量同样十分稀少，并不会对领狐猴的生存造成太大威胁。

马达加斯加岛的主要能源为木炭，当地还有数量可观、经济价值很高的红木，这些因素造成了当地乱砍滥伐的局面。虽然领狐猴和大熊猫一样，毛色都是黑和白，但它其实比大熊猫的保护级别还要高，是濒危级别。

正确答案是 B，你答对了吗？

“上学”的烦恼

上学的孩子有上学的烦恼，虽然动物世界里没有学校、老师、毕业典礼，但学习同样也是动物头等重要的事。

你看，小企鹅“绒绒”在进入学龄之后，迎来了校园集体生活。学校里伙伴比较多，“绒绒”就从来没有抢到过新鲜的食物。幸好“老师”细心，发现了情况，专门为“绒绒”开起了小灶。

对于小袋鼠“阿奇”来说，上学最头痛的学科就是体育。老师说了，拳击训练能让袋鼠拥有强健的体魄，可“阿奇”总是有些胆怯。小朋友，你什么时候才能搞定眼前晃来晃去的沙袋啊？

小企鹅“绒绒”

小袋鼠“阿奇”

小象“伊娃”跟着妈妈，在丛林里学习辨认可食用植物。

大熊猫宝宝“玲琅”不爱参加集体活动。学校一共有 18 只和“玲琅”差不多大的大熊猫。瞧，“玲琅”刚爬上树，想独自在树上待一会儿，就被“老师”要求回到地面。在树上补个回笼觉不失为“熊熊”养生策略，可“老师”非要“玲琅”下树喝奶。“玲琅”喜欢躺着吃竹笋，可“老师”要求它吃相要端庄，得坐着吃。嘿，你以为上学想干吗就干吗呀！

亚洲小象“伊娃”不适应上学的原因是，往日里温柔的妈妈突然变成了严厉的班主任，不仅要求“伊娃”用鼻子取东西，还让它记住哪些是可以吃的，哪些不能吃。谁说只有“虎妈”厉害？严格的象妈也不好惹哋！

请答题

亚洲象妈妈会如何管教不听话的小象？

A. 用鼻子压小象　B. 刻意疏远小象

C. 用额头拱小象

嘉宾观点

小泽：我选C。成年中美貘就是用头去拱小貘的，我想大象也会这样。

小宇：我选B。我觉得用象鼻去拍打似乎效果不佳，没有什么用啊！

小丽：我选A。象的鼻子像我们人类的手那样灵活。看到这道题，我就想到小时候我不听话时，妈妈用手拍打我。

张博士的科学小课堂

每当小象调皮捣蛋被妈妈发现时，象妈妈就会把象鼻子搭在宝宝背上，让宝宝老实点儿。用头拱是象妈妈的一种防御行为。如果有凶猛的动物对大象构成威胁，它们就会使用这个动作。

云南热带雨林中的食物太丰富了，有能吃的，也有不能吃的。有些植物会产生毒素，吃下去对小象产生伤害。所以在进食过程中如果发现不能吃的东西，象妈妈会告诉小象，而沟通的方式无疑是用象鼻子，这也是小象学习生存的过程。这段经验的积累对小象将来独立生存而言至关重要。

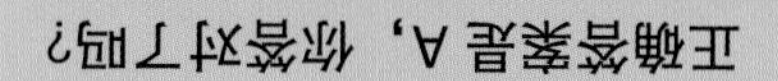

生存亦有智慧

今天，我们和动物观察员、自然科普老师郑霄阳一起来到浙江湖州德清县西部的莫干山。莫干山绵延起伏，享有“江南第一山”的美誉，这里风景秀丽，也是许多昆虫和爬行动物的家园。让我们把镜头对准这些小生命吧。

有一句成语叫“螳螂捕蝉，黄雀在后”。螳螂是昆虫世界中的猎手，此时眼前一朵花的花瓣上，就潜伏着一只绿色的螳螂。你看，它正悄悄靠近一只正在采蜜的弄蝶，而弄蝶还没有发现自己已身处危险之中。很快，螳螂抓住时机，发动了攻击。同样的场景发生在不远处的森林小路上，一只螽斯与一只螳螂在树枝上相遇，作为一位成功的捕食者，螳螂仔细观望后，发起了进攻——结局可想而知，螽斯成了盘中餐。这样弱肉强食的一幕每天都在大自然中上演。昆虫的世界里，残酷的生存法则无处不在，我们不禁感慨，生存亦有智慧啊！

螳螂的口器强而有力，能轻松咬住猎物。

请判断

某些螳螂会把鸟类当作食物。

A. 真的　B. 假的

嘉宾观点

小浩：我认为是真的。我听说螳螂捕捉过蜥蜴、蛇、老鼠等动物，所以我认为捕鸟对它来说也不是问题。

张博士的科学小课堂

非洲巨螳体形非常大，偶尔捕捉到小型鸟类也是没问题的。

正确答案是A，你答对了吗?

长知识啦

蟑螂的头呈三角形，扭动起来十分灵活。头上有大复眼。前臂多刺，能牢牢抓住猎物。它有叶状的前翅，肚子肥大。

螳螂多是绿色，但也有褐色或花斑纹、枯叶纹等形态的，会融入周围的环境。依靠拟态不仅可以躲过天敌，还可以在抓捕猎物时不被发觉。

除极地外，螳螂在世界其他地区均有分布，热带地区种类更为丰富。

全世界有 1500 多种螳螂，中国约有 50 种。

螳螂能消灭农田害虫，是一种益虫。不过，它的“凶残好斗”也是出了名的。

受到惊吓时，螳螂会振动翅膀，身体显露出警戒的颜色。

动物的住宅

人们买房子要考虑面积、户型、位置、朝向、采光等因素，这些直接影响到居住的舒适程度。其实，动物也会为建造一个家而操心。

看，蚂蚁忙忙碌碌，每天的工作量非常大。观察蚁穴你会发现，蚂蚁对住宿的要求是分配合理。蚁后有自己的大房间，工蚁干完活需要好好休憩，每个区域都有独特的功能。

家的位置至关重要，一些鸟类在建巢选址上颇为用心。发冠拟椋（liáng）鸟会选择在树枝上建造自己的家，远离地面将更加安全。选定位置后，它们会用棕榈叶和香蕉叶建造“空中悬楼”。

红巧织雀会在芦苇丛中建巢，因为芦苇丛的隐蔽性强，猎食者很难发现。它们会把巢造得既结实又通风，每年能建造 5~6 个这样的家，建造速度在鸟类中也算数一数二了。

红巧织雀

河狸分北美河狸和欧亚河狸两种。它们有又扁又平的大尾巴，可以在游动时调整方向。

河狸是建筑选材专家，它们会仔细挑选树枝，对树枝的长短、粗细、强度等因素认真考量。你瞧，虽然眼前的这位河狸先生从高坎上摔倒，姿势有点狼狈，但这根树枝选得可是一点儿没毛病——搭建“豪宅”就靠它啦。让我们来采访一下河狸先生吧！

河狸先生：什么？你问我心目中的豪宅是什么样的？那一定是四面环水的呀！先用树枝筑坝，这样就算枯水期到来，水面依然保持稳定，我们才不会受到天敌的伤害。房屋如何建造？请看工程设计图——这房子看起来像水中的小岛，可以从水下通道进入内部，顶部还要留通风口，有前后两扇门，便于逃避天敌的追捕。设计得不错吧？

蚂蚁团队能通力合作，建造集体住宅；鸟类能各出奇招，筑巢搭窝；河狸精挑细选树枝，自建“豪宅”……接下来，我们的问题来啦！

请答题

以下哪种动物不会自己搭窝建巢？

A. 杜鹃　B. 青头潜鸭　C. 红腹锦鸡

嘉宾观点

小张：我选 A。我从网上看到过，杜鹃会把蛋下到其他鸟的窝里。它如果会搭窝，为什么还要把蛋下到别的鸟的巢穴呢？

小泽：我选 B。我去过伦敦，看到当地有很多青头潜鸭。它们适应了这种城市环境，我觉得它也许不会搭窝。

小宇：我选 B。我观察池塘里的鸭子时，从没见过鸭子有筑巢的行为，也没有看到过鸭子的窝。

张博士的科学小课堂

青头潜鸭会在水边草丛中或者芦苇中筑巢，红腹锦鸡会选择在灌丛中筑巢。杜鹃从不搭窝，它把自己的蛋下到别的鸟类的窝中。

我想说一下小泽在伦敦看到的青头潜鸭。青头潜鸭是极度濒危物种，全球的数量仅有约 150 只。小泽在伦敦经常看到的最有可能是绿头鸭，它们的头也是青色的。

杜鹃的寄生行为是非常“狠”的，它先把别的鸟蛋吃了，再把自己的蛋下在别的鸟的巢里，孵化甚至喂食也完全依赖寄主。幼鸟长大后即使比代养妈妈体形还大，代养妈妈也还在喂食，这就是典型的“巢寄生”。对于杜鹃的这种“巢寄生”方式，我们不能以人类的情感或者价值观去批判杜鹃是坏鸟，毕竟这个物种的繁衍方式是自然之选，它是生物多样性的一种体现。

正确答案是 A，你答对了吗？

坐火车迁徙的候鸟

东方白鹳是国家一级保护动物，全球仅存 4000 多只。你听说过两只东方白鹳乘坐火车，去南方过冬的故事吗？咦，鸟类迁徙要靠火车？这也太离谱了吧！

2019 年 12 月 5 日，一列从黑龙江哈尔滨开往江西九江的火车上，出现了两只东方白鹳的身影。它们因为在越冬迁徙过程中意外受伤而掉队，被野生动物救助中心的工作人员发现了。对于那些受过伤的动物，野生动物救助中心会精心呵护，待伤养好后再放归。通过给东方白鹳佩戴环志[①]和定位装置，人们判断出它们这次迁徙的目的地是江西省鄱（pó）阳湖国家湿地公园。

---

①环志：在候鸟的脚或颈部佩戴刻有特定标记的金属或塑料环，以便观察、研究候鸟迁徙规律的一种观测工具。标记内容包括环志国家和单位、环型号和编号等。

这列火车上的“乘客”除了这两只东方白鹳，还有斑嘴鸭、豆雁等 11 种鸟类，共计 200 多只。

当阳光洒满美丽的鄱阳湖湖面时，放归行动开始了。人们打开木质箱子，一只只可爱的鸟儿从箱子里飞了出来。东方白鹳先在地上站了一会儿，等它们看到眼前广阔的湖面和蔚蓝的天空时，不由得扑棱起翅膀，和小伙伴一起投入大自然的怀抱。

不仅是东方白鹳，还有很多动物都在人们的帮助下回归大自然。我们希望这些可爱的鸟儿今后不再遭受任何伤害，自由自在地翱翔于天空。

请答题

以下哪种放归动物的方法是错误的？

A. 打开雪豹的箱门让它自己走出

B. 将野生鸽子抛向空中放飞

C. 将中华鲟鱼苗倒入长江中

嘉宾观点

小张：我选 B。野生鸽子习惯了自然的状态，一旦接触到人类，人类的行为就有可能令它进入僵直的应激反应状态，放飞瞬间它会失去自主运动的能力。我们如果采用抛飞的方式，一定会使它摔伤。

小泽：我选 C。将一只只小鱼苗倒入浩瀚的长江中，它不会死去吗？这样做太危险了！

小丽：我选 C。就是因为鸽子是野生的，适应性很强，所以抛向空中可以飞起。鱼苗就不同了，水下的危险因素很多，直接放归会导致死亡。

小宇：我选 C。之所以没选 B，是因为我们小区居民养了一大群鸽子，有时人们给它喂食，它会飞到你身边或者跳到你手上。我觉得，如果将它往空中一抛，它一定能顺利飞走。

张博士的科学小课堂

让雪豹自己走出去是正确的放归方法，中华鲟鱼苗直接投放在江中也是正确的；但请大家注意，抛飞鸟类的放归方法是错误的。刚才小张的解释非常专业，几乎不用我补充。野生鸽子不和人类接触，尽管人类是在救助它，但在放飞的时候，它的身体状态仍然是紧张的。如果直接抛向空中，它根本飞不了，会直接摔下来。至于中华鲟放归江中时是选择鱼苗还是大鱼这个问题，可以从鱼的生长环境考虑：其实鱼类本来就是在自然界大量产卵繁殖的，我们的放归需要遵循动物的自然属性，这是救助动物的根本原则。

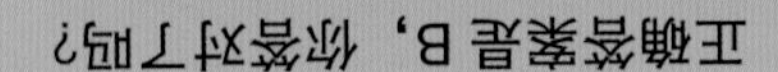

大象食堂

我国的野生动物资源十分丰富，但是，当人类的生活区域和野生动物的活动范围出现交集时，我们又该如何解决矛盾呢?

动物观察员马笑舒带着大家来到云南西双版纳傣族自治州勐（měng）海县亚洲象监测预警中心，工作人员会对亚洲象的日常活动进行监测，了解种群的数量和亚洲象的性格，还会对亚洲象的行动路线做出预判，及时通知附近的百姓躲避袭击。

有一头被当地百姓称作“三哥”的亚洲象，在短短几个月时间里就弄坏了 40 辆车。它和“兄弟姐妹”还经常闯入人类的生活区域觅食，威胁到人类的生命、财产安全。为了使人和象和谐共处，当地政府将曾经坐落在保护区内的村子迁移到保护区外，还建成了全国首个“亚洲象防护栏试点村”。高达两米的防护栏将村寨团团围住，防止大象再次进入人类家中。

瞧，两只亚洲象正在新建成的“大象食堂”里用餐。

为了让大象寻找到更丰富的食物，在村子的原址上，人们建立了“大象食堂”。这里有迅速生长的竹子，还有一片大象专属的用餐场地，这样既能满足大象对食物的需求，又能使人类的庄稼地免遭大象踩踏。“大象食堂”的建立使人象矛盾大大缓解。

人和动物和谐共处的画面不仅出现在云南西双版纳地区，在山东荣成大天鹅国家级自然保护区，游客和大天鹅美丽邂逅的画面也深深打动了我们。每年过年期间不放鞭炮，以免惊扰这些美丽的客人，是当地居民对野生动物朋友的承诺。

共生是万物和谐的主题，让我们好好守护共有的家园吧！

请答题

以下哪一项属于人给野生动物营造良好生存环境的方式？（　　）

A. 给昆虫搭建人工产卵装置　B. 给喜鹊搭建人工巢箱

C. 把巴西龟放归野外

嘉宾观点

小泽：我选 A。在我国，巴西龟是入侵物种，如果将它放归野外，会导致某一地区的生态系统失去平衡。所以我觉得 C 选项做法不对。

小宇：我选 A。喜鹊没有到濒危的程度。昆虫的天敌多，生存不易，需要给它们搭建特殊的装置保护。

张博士的科学小课堂

给昆虫搭建人工产卵装置在很多年前就开始实施了，人们希望通过这种方式给昆虫营造新的环境，形成良好的食物链关系。选项 B，喜鹊会用树枝垒起属于自己的巢穴，人工巢穴不是必需的。选项 C，巴西龟是外来物种，放归野外涉及和影响到我国的生态安全。

除了上面说的人类直接干预的活动，还有一些因素也会影响到生态安全。现在，人类面临的最大环境问题是全球气候变暖，这对有些物种来说可能是灭顶之灾。比如海龟在孵化过程中对温度很敏感，温度过高，孵化出来的全部是雌性。如果海龟妈妈寻找食物回来后发现，窝里全是“女孩子”，没有“男孩子”，那么这个物种又将如何维系呢？这就是典型的气候变化对动物物种繁衍的影响。

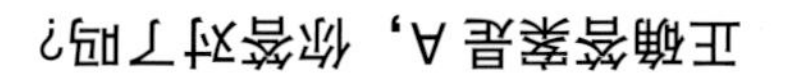

“重引入”让生命重新绽放

因为有了濒危动物，“重引入”的做法得到人们的重视。“重引入”是指为加强对某个物种的保护，将它重新引入曾经生存的区域中。比如，赛加羚羊（又称高鼻羚羊）是一个古老物种，200 多万年前就生存在地球上，却于二十世纪六十年代在我国野外灭绝。1987 年，12 只赛加羚羊被“重引入”回国，在甘肃武威濒危动物繁育中心进行种群繁育。赛加羚羊生性胆小，不易存活，工作人员对它们呵护备至。如今，赛加羚羊的数量已有 200 多只。

赛加羚羊分布于中亚草原，它的鼻子可以加热冷空气。

1900 年，麋鹿在中国灭绝。

1985 年，麋鹿被“重引入”回到中国。38 头麋鹿在北京南海子麋鹿苑繁衍生息。经过一代又一代养鹿人的努力，麋鹿已经在我国成功繁衍，许多麋鹿被放归野外，投入大自然的怀抱，如今数量已接近 10000 头。

南海子麋鹿苑中的麋鹿

为了让更多动物不再消失在地球上，许多人默默坚守，创造了斐然的成绩。例如，野生大熊猫从二十世纪八十年代野外调查时的 1114 头增加到现在的 1864 头，白鹤从 210 只增加到至少 5000 只，朱鹮从 7 只增加到约 10000 只。小朋友，想想看，你能为野生动物朋友做哪些力所能及的事情呢?

请答题

以下哪种动物是通过“重引入”在我国成功复兴的？

A. 朱鹮　B. 普氏野马　C. 丹顶鹤

嘉宾观点

小泽：我选 B。普氏野马是我国西北地区特有的一种马，听说在中国科学院，有很多科研工作者在研究这个项目。

张博士的科学小课堂

涉及“重引入”，普氏野马是个很好的例子。1960 年普氏野马曾在我国灭绝，1986 年普氏野马被“重引入”回国，在准噶尔盆地南端新疆吉木萨尔县建成占地 9000 亩的全亚洲最大的野马饲养繁殖中心。截至 2019 年 11 月，中国新疆和甘肃两地的普氏野马总数量达到 593 匹，加之国内动物园饲养的普氏野马，使得种群数量突破 700 匹大关，占世界普氏野马总数的近三分之一。

正确答案是B，你答对了吗？

长知识啦

- 普氏野马是世界上唯一现存的野马品种，它保存着 6000 万年以前祖先的基因。
- 普氏野马的原生地在中国新疆的准噶尔盆地和蒙古国西部。
- 普氏野马奔跑能力强、活动范围大，能抵御极端天气和恶劣的自然环境。

四川唐家河国家级自然保护区的大熊猫

探访大熊猫和它的栖息地

在四川盆地向青藏高原过度的高山峡谷地带，生物资源丰富。动物观察员陶剑带我们来到四川省青川县唐家河国家级自然保护区，看一看这里的动植物。

瞧，这里有大熊猫爱吃的箭竹——青川箭竹。青川箭竹的叶片窄而长，另一种糙花箭竹的叶片则明显宽很多。

我们随着动物观察员的脚步来到了监测点。这个位置安放的远红外线相机拍摄了 800 多张路过此处的野生动物照片。大熊猫最喜欢出入有大量箭竹并伴有水源的开阔场地，这里已经监测到野外大熊猫的种群数量为 39 只，它们在这里生活得十分惬意。

在冬季，野生大熊猫会选择什么区域生活？

A. 在山洞中半冬眠　B. 前往高海拔地区寻找食物

C. 前往低海拔地区寻找食物

嘉宾观点

小浩：我选C，冬天高海拔地区较冷，低海拔地区相对暖和，如果想吃到更多的食物，就要去低海拔地区寻找。

张博士的科学小课堂

在冬季，大熊猫到了低海拔地区不仅是吃竹子，还会补充一些动物蛋白，而低海拔地区食物的种类十分丰富，能够满足大熊猫的营养需求。

正确答案是C，你答对了吗？

蝶类晃动的尾突

动物观察员殷后盛是一位奋战在雅安护林一线的林业工作者，他要带领我们去看一看雅安当地的漂亮昆虫。

在天全县慈郎湖公园，殷后盛在一棵琴丝竹的叶片上发现了两只蚜灰蝶。蚜灰蝶正在吸食蚜虫分泌的蜜汁，它的幼虫就以蚜虫为食，是十分罕见的肉食性蝶类。大多数蝴蝶寿命短暂，夏天正是它们展现多彩生命的季节。雅安地区是剑凤蝶集中的区域。我国共有七种剑凤蝶，雅安地区就有六种。

请答题

在观察蝴蝶的过程中，我们发现蝶类有在停歇的时候，后翅合拢并来回摩擦、晃动尾突的现象。那么，蝶类为何有这种行为呢？

A. 清洁身体　B. 帮助散热　C. 迷惑天敌

小浩：我选B。摇晃尾突产生的风会降低身体的温度，让它们在夏季保持凉爽。

张博士的科学小课堂

后翅合拢并来回摩擦其实是一种拟态行为，可以迷惑天敌，使鸟类等天敌在捕捉时误将蝶类尾部视作头部进行攻击。当没有击中要害部位时，蝶类逃跑的机会就加大了，这是一种进化的结果。

一封黑猩猩老爸为儿女征婚的公开信

亲爱的朋友们：

大家好！

我是黑猩猩渝仔，重庆乐和乐都野生动物世界里黑猩猩的父亲。我有两儿两女，都到了婚嫁的年纪，所以，请大家帮帮我这个操心的老父亲。

我们所在的动物园只有我家五口黑猩猩。看着别人家的孩子都谈恋爱了，我是干着急啊。再这样下去，我什么时候能抱上孙子呀？我想帮我的孩子们征婚，希望在今年把它们的终身大事给解决了。

先说说我的大儿子渝辉，就是网上那只会洗衣服的黑猩猩。在黑猩猩家族里，它这个年纪已经属于大龄了。渝辉最大的优点就是爱做家务，尤其擅长洗衣服。你上哪儿找这种爱做家务的好男人哟！它不光聪明，还是个运动健将，俯卧撑、倒立对它而言

黑猩猩能展现出喜怒哀乐等面部表情，还能使用各种姿势和手势来表达较为复杂的情感。

都是小菜一碟。要是有看上渝辉的单身黑猩猩姑娘，就赶紧联系《正大综艺·动物来啦》节目组吧。

我家二姑娘叫朵儿，它可是温柔得很！平时它喜欢做做瑜伽，也正是因为文静，有时连老爸我跟它打招呼，它都不理我。

下面来介绍我家老三凯儿。嘿，你又在吃啥呢？能不能稳重一点啊？我都懒得说你，你自己跟小读者介绍吧。

“大家好！我是凯儿。我的特点：帅；爱好：耍帅；口头禅：我最帅！看我这强有力的臂膀和性感的大长腿，走起路来就是整个动物园最靓的大明星。喜欢我的黑猩猩姑娘可多着呢，老爸，你还是先操心渝辉吧！”

最后出场的是我家小女儿珍妮。它还小，刚刚成年，不比它的姐姐着急。它多才多艺，什么空翻啊、玩单双杠啊，全部不在话下。对了，它还热爱音乐，最近迷上了电子音乐。小伙子们，这么优秀的女孩可不多见啊！

这就是我们一家子了，欢迎加入我们的大家庭！

此致

敬礼！

你的朋友　渝仔

2020 年 8 月 2 日

请判断

两只相互亲吻的黑猩猩一定是夫妻吗?

A.是　B.否

嘉宾观点

小丽：我选B。我曾经看过一档纪录片，说两只猩猩亲吻是表示友好。这说明它们并不是只有夫妻才有这样的行为。

小浩：我选B。我想起曾经看过的一部纪录片，介绍有的黑猩猩会为了争夺王的地位，去拉拢其他的黑猩猩。它们通过肢体的接触——给其他猩猩梳理毛发或做一些亲密动作来联络感情。所以黑猩猩相互亲吻也可能是兄弟。

张博士的科学小课堂

一说到亲吻，很多人会想到人的亲吻，因为这是人的典型行为，带有特殊含义。对于黑猩猩来说，亲吻可以理解为亲密行为。这种行为发生在不同的家庭成员中，无论年长、年幼还是同性、异性之间，均会发生。兄弟姐妹之间、爷爷奶奶和孙子孙女之间都会出现亲密行为。除了亲吻，还有理毛。互相理毛代表着关系融洽，也是黑猩猩典型的社交行为。

既珍贵又可怕的莽山烙铁头蛇

湖南省郴（chēn）州市的莽山地区有一位研究蛇的医生，名叫陈远辉，现在是莽山林业管理局的高级工程师，他救治过 700 多位被蛇咬伤的病人。在他救治的病人中，有一位被蛇咬伤后，一直没有治好。那位病人描述，咬他的蛇身体呈黑绿色花纹，长着三角形的头，还有白色的尾巴。陈远辉花了五年时间，在莽山搜寻这种蛇的踪迹，最后终于找到了它。1990 年，蛇的标本第一次被送到了中国科学院成都生物研究所，在这之后，它被赵尔宓院士正式命名为莽山原茅头蝮（俗称“莽山烙铁头蛇”）。它们的重量是普通蝮蛇的 10 倍有余，成年蛇体长至少有 2 米。目前发现的最重的莽山烙铁头蛇有 31 斤重，因为体形巨大，毒液的分泌量也大，一旦被它咬了，蛇毒会迅速扩散，如不及时处理，生还的可能性很小。

莽山烙铁头蛇是中国境内发现的第五十种毒蛇，也是大名鼎鼎

的蝰蛇科毒蛇。

陈远辉介绍，人们在蛇出没的地方行走，一边要注意头顶树枝上有没有蛇，一边要用木棍拍打草，吓走草丛里的蛇，这就叫“打草惊蛇”。如果被毒蛇咬伤了，我们要在三分钟之内（通常称为“黄金三分钟”）进行处理。首先，找到附近的小溪，将伤口冲洗干净；其次，被咬得较深时，就用打火机烧红一根针，沿着蛇的牙痕烙进肉里，把蛇毒烧焦；最后，我们可以点燃两根香烟，用烟熏伤口。因为蛇毒蛋白在高温下会变性、碳化，这么做可以预防绝大部分蛇毒对人体的伤害。

请答题

在野外，以下哪种方法处理毒蛇咬伤的可信度最高?

A. 创口处切开放血　B. 局部捆绑结扎

C. 用嘴吸出毒血（口腔无创口时）

嘉宾观点

小丽： 我选A。B是最不可行的，局部捆绑肢体不仅不能抑制蛇毒，严重时还会导致截肢。

安安： 我选B。如果一直绑着，肢体可能就没有生命力了，但是我们是咬后一段时间内进行捆绑的，这样不让蛇毒往身体里回流，再将伤者送医后处理。

小泽： 我选B。如果将伤口处切开放血，因为是开放性的，很容易发生细菌感染，所以会在一定程度上增大加感染风险。

小宇： 我选C。蛇毒传播很快，局部捆绑结扎需要一段时间，还有可能导致手臂发炎。森林里有真菌和病毒的存在，切开放血可能发生病毒感染。

原来如此

陈远辉： 教科书上有不少处理蛇毒的方法。我不主张切开伤口，因为有可能会切破血管，导致大出血；我也不主张绑扎，这样来不及阻止蛇毒，而且可能导致肌肉坏死或再灌注综合征[1]，造成肾衰、血红蛋白尿等一系列的后遗症——毕竟，大多数人都不是专业人员。如果口腔内没有创面，可以采用吮吸的办法，再吐掉吸出的血液。口腔里有创面或者龋齿，则可以在嘴上覆盖上清洁的塑料袋或保鲜膜，隔着膜吸。做过简单处理之后，还是要及时将伤者送去医院，请专业医生进行检查，抓紧时间接受治疗。

正确答案是C，你答对了吗？

---

①再灌注综合征：器官在短时间内缺血，突然恢复血液供应后反而加重了器官的损伤，发生逆性损伤的现象。

南宁动物园灵长类动物的“妈妈”

长臂猿宝宝“三涂妹”

南宁动物园中一半以上的长臂猿宝宝都是保育员梁婷婷饲养的，她是这些动物共同的“妈妈”。现在，许多动物宝宝已经长大了，换到新的地方生活，也换了新的饲养员，但梁婷婷还是很想念它们，一有时间她就会去看看它们。这些动物宝宝也一直记得她，每次见到她都非常开心。

有一次，梁婷婷发现一只两岁大的长臂猿宝宝“三涂妹”感冒了，这让她非常着急。感冒如果得不到及时治疗，有转成肺炎甚至危及生命的风险。怎样减少药物副作用带给动物的伤

黄颊长臂猿

德氏长尾猴

害，让动物安全有效地康复呢？梁婷婷尝试着使用天然植物和果蔬来调理！她找来新鲜的水果，制作成果汁代替药物给长臂猿宝宝饮用。经过看护，宝宝的情况得到好转，她悬着的心也放下了。

梁婷婷是 2000 年开始从事灵长类动物育幼工作的。别看她现在得心应手，一开始可是颇为周折。一到换季时，灵长类动物宝宝最容易感冒和腹泻。一遇到这种情况，她都很惊慌，想着要赶紧用药，但吃药以后，它们的体质并没有改善，还反复生病。为此，梁婷婷看了许多专业书籍，总结出一套利用天然食材和药用树叶榨成汁给它们喝，为动物宝宝增强免疫力的食谱。

“其实和灵长类动物相处很简单，你对它们好、关心爱护它们，它们都知道。”梁婷婷总结出来的不用药物，用天然食材和树叶来调理动物身体的育幼方式，值得在动物园里推广。

请答题

长臂猿宝宝如果拉肚子了，吃什么植物可以缓解症状？

A. 火炭母树叶　B. 芭蕉叶　C. 芋头叶

嘉宾观点

小泽：我选 B。据我了解，长臂猿是生活在热带地区的动物，根据它的生长环境，我觉得芭蕉叶在热带最常见，应该是正确答案。

小宇：我选 C。说到缓解症状，芭蕉叶可能没有那么大的药用价值吧？

小丽：我选 A。吃芭蕉叶是会腹泻的，而且我也没有听说过吃芋头叶可以治疗拉肚子。

如果长臂猿宝宝闹肚子了，保育员就会把火炭母树叶榨成汁喂给它们来调理肠胃。芭蕉叶是清肠用的，而食用芋头叶会造成皮肤瘙痒，所以长臂猿宝宝拉肚子的时候，万万不能食用这两种植物。我们提倡为动物提供食疗，而非药疗。保育员每天要考虑动物的食谱，营养问题他们也要关注。他们掌握一些兽医学知识，当然，如果动物要是有大毛病的话，还是要赶快请兽医。其实，除了人类帮助，很多动物在野外也是可以自己给自己看病的，它们往往会吃一些植物来治病。

正确答案是A，你答对了吗？

小松鼠找妈妈

山水自然保护中心的“自然观察团”在西湖边做松鼠生存状况调研时，发现一只松鼠宝宝从树上跌落，情况危急。观察团研修生武亦乾发现这只松鼠很小，连眼睛都还没有睁开，不救助的话根本无法存活；更糟糕的是，当时杭州的天气特别热，小松鼠很可能会被晒死。

研修生们不知道小松鼠是从哪里落下来的，只能将它放在一根常有松鼠出没的粗树枝上，期待着松鼠妈妈能把宝宝领回去，然而两个小时过去了，松鼠妈妈并没有来认领。中午的太阳毒辣

跌落树下的松鼠宝宝（供图 / 山水自然保护中心）

机警的松鼠

辣地炙烤着大地，小松鼠不断发出尖锐的叫声。面对如此情况，研修生们决定主动干预。

他们用手机录下小松鼠的叫声，不停地循环播放，想看看能不能把松鼠妈妈吸引过来。半小时后，一只母松鼠从树洞中探出头来，不停地向叫声发出的方向张望，却迟迟没来带走小松鼠。研修生们感觉可能是小松鼠的位置比较隐蔽，母松鼠找不着，就用一片树叶把小松鼠包起来，转移到一棵没有遮挡物的树下，同时把周边的行人都疏散开来，这样小松鼠没有沾染到人类的气味，母松鼠就会采取行动了。

终于，母松鼠爬下树了，它迅速将小松鼠叼了回去。历经三个小时，松鼠母子终于团聚了！

很多人想把小松鼠带回家养，虽然是出于好心，但这样做并不妥当。随着城市的发展，我们正在与更多的野生动物共享城市空间。每年，网上有关拾获离巢动物并带回家自己饲养的消息不在少数，但这样做给野生动物的正常生长造成了不可逆的伤害。在发现需要救助的野生动物时，第一时间致电专业机构才是正确的做法。

请判断

松鼠幼崽由父母共同哺育。

A. 真的　B. 假的

嘉宾观点

小丽： 我认为是真的。我觉得雄鼠和雌鼠会轮流照看松鼠宝宝。

小泽： 我认为是假的。松鼠是啮齿类动物，松鼠宝宝都是由妈妈来带大的。

张博士的科学小课堂

松鼠每年有两次生育，婚配制度是一夫多妻制，通常具有优势的雄性松鼠会拥有更多的繁育机会，繁育季结束后，雄性松鼠独自离开，幼崽由雌鼠单独哺育，哺乳期超过 10 周。

人们传统概念里的松鼠是树松鼠，就是在树上的、有着蓬松尾巴的那种。其实大家忽略了，还有在地面上活动的地松鼠（旱獭、草原犬鼠）和树枝间滑翔的飞鼠［鼯（wú）鼠］。这三类都是属于松鼠科的动物。绝大多数松鼠都是一夫多妻制，抚育幼崽的基本都是雌性。

正确答案是B，你答对了吗?

探秘“果然兽”

贵州梵净山国家级自然保护区的动物观察员李海波已经有 7 年动物监测的工作经验了。今天他来带大家看一种《山海经》中描述的神兽——“果然兽”。它就是梵净山特有的动物，号称“世界独生子”的黔金丝猴。李海波来到马槽河的生态移民搬迁区，这里原本是有人类居住的，为了保护生态环境，扩大黔金丝猴的栖息地面积，居民们响应号召，都搬到江口去了。在这里，李海波看到了三棵高大的大叶栲[①]，它结的果实是黔金丝猴最喜欢吃的食物；还有一棵大果山香圆[②]，它的嫩叶也是黔金丝猴喜食的。在发现金丝猴的粪便之后，李海波就把远红外线相机安装在这里进行监测。一周后，黔金丝猴的许多影像资料传了回来。看，我们人类退后了一小步，就给黔金丝猴留下了更广阔的生存空间。

---

①大叶栲：一种高大的乔木，坚果为宽卵圆形。
②大果山香圆：一种高大的乔木。

黔金丝猴结群生活，能组成上百只的大群。

动物观察员李海波安装的远红外线相机拍到了黔金丝猴的画面

请答题

黔金丝猴夜晚在哪里休息？

A. 岩洞　B. 树上

嘉宾观点

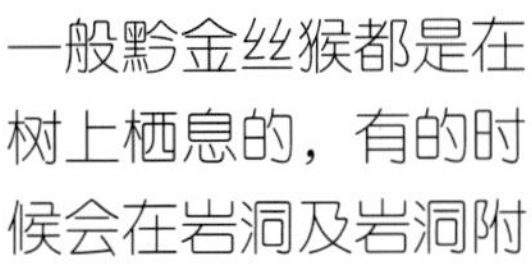

小浩：我选 B。一般黔金丝猴都是在树上栖息的，有的时候会在岩洞及岩洞附近玩耍。

张博士的科学小课堂

小浩的判断是对的。科学家研究发现，黔金丝猴主要在林层的树冠中段以及顶端休息。在晚上，黔金丝猴会三三两两地抱团在一起。

正确答案是 B，你答对了吗？

共建“小鹿迷宫”

江南忆，最忆是杭州。竹林小溪、青苔小径、竹排篱笆、特制栈道、长廊凉亭……这可不是哪座私人庭院，这是小鹿的专属花园。

我们说的小鹿是浙江的本土动物黄麂（jǐ），一种小型鹿科动物。杭州动物园作为全国知名的山地园林式动物园，有着得天独厚的条件，人们利用自然资源，给黄麂建造了一个坡形的生活区，模拟出它们野外的生活环境。但是，游客在园中很难看到黄麂，因为它们胆子很小，经常躲起来。为了让大家能够更直观、近距离地观察它们，动物园决定对园区进行改造。

杭州动物园集思广益，邀请市民们参与园区建设。大多数人对动物园的认识，还停留在游玩、猎奇的层面，而杭州动物园有针对性地遴选出热心市民，他们大多喜爱动物、热爱自然且有艺术鉴赏力。为期几周的参观让大家认识到，设计出“以动物为本”的生活环境是多么重要。

在了解情况后，大家展开“头脑风暴”，设计出很多方案。在一个叫“水母玫瑰伞”的方案中，遮阴凉亭形如水母，亭子四周有攀缘植物垂落，小鹿一抬头就能吃到。另一个方案叫“空中连廊”，在两个人造灌木丛之间设有连栏装置，考虑得也很周到。

经过保育专家的不断探讨、细化和升级，再由动物园各部门评估，“小鹿迷宫”这个方案最终得以实现。“小鹿迷宫”由一米多高的竹排篱笆围成，给黄麂带来极大的安全感。就连饲养员去放食物，黄麂也可以就近躲在迷宫里，不必像以往那样跑到山顶密林中，可见这番改造深得“鹿”心。看，就连邻居孔雀也来串门，对花园赞不绝口呢！

“小鹿迷宫”还将继续完善，进一步改造升级，我们相信，“小鹿迷宫”未来的环境会更好。

黄麂能最先通过何种感官判断危险？

A. 听觉　B. 嗅觉　C. 视觉

嘉宾观点

小丽： 我选A。刚才在看节目的时候，最吸引我的就是黄麂的那两只小耳朵。我认为，它的听觉是十分灵敏的。

安安： 我选A。饲养员的脚步声一响，它就“嗖”的一声躲到旁边了，所以这道题的答案是A。

小泽： 我选A。声音传播的速度比较快，气味传播的速度慢一些。因为有遮挡，不是什么地方都能看见的，所以视觉肯定被排除。

小宇： 我选B。好像很多鹿科动物都是凭嗅觉来判断的，不过听了前面几位嘉宾的分析，我有些不确定了——好像还是听觉。例如，老虎捕食梅花鹿，声音都是很轻的，这样才不会被猎物察觉，所以黄麂的听觉会更灵敏。

张博士的科学小课堂

由于丛林中视线遮挡的缘故，黄麂若是依靠视觉，很容易落入敌手；在这样密闭的环境中，空气流通性差，依靠嗅觉也有危险。树林中的地面会有落叶，形成腐殖质层，黄麂的天敌只要踩在上面，就会发出窸窸窣窣的响声，它就能立刻判断出声音的来源了。

正确答案是A，你答对了吗？

“木雕大师”马来熊姐弟

杭州动物园有两位知名度极高的“木雕大师”，它们的作品风格极为粗犷（guǎng），以原生态的质感为特色，作品的主人就是马来熊姐弟：“安吉拉”和“大陆”。

马来熊保育员朱爱玲介绍：姐姐“安吉拉”是2018年8月份出生的，活泼又好动；弟弟“大陆”比它小4个月，更喜欢啃木头。一次，饲养员在熊山上放了不少木头，准备为姐弟俩提供类似野外的生活环境，希望姐弟俩在动物园能像在野外那样自由自在。性格沉稳的弟弟围着木头转了几圈，很快就得到了灵感，开始啃起木头，搞起创作。姐姐大概是想让弟弟先挑，可能又觉得“身体是革命的本钱”，先吃饱果子再去搞创作，便在一旁大快朵颐。不久，姐弟俩发挥艺术灵感，一口一口地把木头咬成了木雕作品。

一批木雕作品完工后，饲养员又换上了另一批新木头，而它们咬出来的作品也越来越具艺术性。

在熊山上玩耍的马来熊“大陆”

饲养员把多种水果切块，放在熊山各处。马来熊不但能吃饱，还能通过爬山寻找食物来增加活动量，保持心情愉悦。通过饲养员的膳食搭配，它们能够获取充足的营养，这可是完成木雕工作的先决条件。

希望这对马来熊姐弟能一直这么健康快乐地生活在一起。

马来熊通常体长 110~150 厘米，是熊科动物中体形最小的。

请答题

在野外，马来熊抓、挠、啃咬树木的主要原因是什么？

A. 标记领地　B. 清洁牙齿　C. 寻找食物

嘉宾观点

小丽： 我选 C。马来熊应该是从树里找一些虫子或者吃一些纤维来调节自己的饮食结构。

小泽： 我选 A。熊一般都有通过爪子抓挠树木来标记自己领地的行为。

马来熊生活在东南亚森林中，以昆虫、蜂蜜、水果等为食。

小宇： 我选 B。小孩子是要吃磨牙棒的，因为他们的牙齿需要一些刺激来让牙床更舒服，还能保持清洁，这是生理上的一种需求。所以，关于这件事，“熊孩子”可以不停地做。

张博士的科学小课堂

马来熊在野外咬开树木，主要是为了寻找其中可能存在的昆虫幼虫，如白蚁、甲虫等。

马来熊不会去啃咬健康的树，动物园给它们的都是倒木，换句话说，是腐木、朽木，已经坏了的木头。这样的倒木在生态系统中非常重要，因为大量昆虫会把这里当成栖息地，要依赖倒木生存、产卵、栖息，而对马来熊而言，昆虫恰好是重要的动物蛋白的来源。马来熊抠咬倒木，是因为可以找到动物蛋白。动物园的丰容[1]要顺应动物在野外的行为特征，符合动物的自然特性和生活，动物才能有足够的福利，生活得更健康。

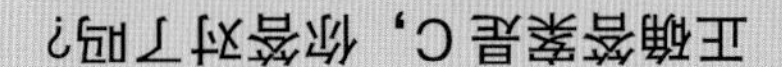

---

①丰容：动物园内为避免动物无聊，丰富动物生活情趣，满足动物生理、心理需求，展示动物自然行为而放置的帮助动物休息、放松的设施。

主持人：我国有五个国家公园。本期节目的主题是国家公园系列之“碧水丹山”。哪里担负得起这么美好的名字呢？答案就是武夷山国家公园。武夷山国家公园是世界自然与文化双重遗产保护地的国家公园，也是世界人与生物圈保护区。这里有美不胜收的丹霞地貌，人文和自然的和谐统一也是这里的特色。来，让我们一起去感受这片土地上的山水和动物吧！

白鹇和黄腹角雉的武夷之缘

如果你前往武夷山旅游，“碧水丹山”的景色便会映入眼帘，吸引你去观赏。丹霞地貌，这个在地理书上出现的词汇，就这样惊艳地展现在我们的面前。

武夷山是世界上鸟类资源极为丰富的地区之一，被称为“鸟类的天堂”。目前，在武夷山发现的鸟类有 256 种。其中，有国家一级保护鸟类 8 种，国家二级保护鸟类 54 种。我们要为大家介绍一种奇特的鸟，当地人叫作“呆鸡”——这名字可是真不雅致。之所以叫“呆鸡”，据说是因为它在遇到危险的时候，喜欢把头埋进草丛里，身子露在外面。这么个“掩耳盗铃”的鸟类，学名叫作“黄腹角雉”。

黄腹角雉是我国独有的鸟种，因其数量较少，属于濒危雉类而被列为国家一级保护动物。

黄岗山也称作“黄冈山”，位于

黄腹角雉

福建和江西两省交界处，在武夷山国家自然保护区内。今天，我们要跟随观鸟达人卢文玉老师的脚步，一起进入黄岗山，寻找黄腹角雉的踪迹。

在石头上休憩的白鹇

卢老师观鸟已有16年。在这16年里，她走过了中国11个省份，观鸟近600种，爱鸟、识鸟、护鸟是她的毕生追求。卢老师提醒我们，观鸟需要保持安静，走路的时候一定要慢，不要惊扰到鸟。

武夷山是黄腹角雉的模式标本产地，其中黄岗山的黄腹角雉野外种群数量高达600只。所谓模式标本产地，是指世界上第一次发现这个新物种所依据的标本的产生地。

我们顺着山路前行，沿途的树木遮天蔽日，空气里充满了浓郁的植物的气味。

第一次进山观鸟，动物观察员难掩心中的好奇。正走着，她突然看到山路上有一根硕大的白色羽毛，便捡起来端详。卢老师告诉动物观察员，这是一根白鹇（xián）的羽毛。白鹇属于国家二级保护动物，分布于中国、泰国、缅甸和中南半岛。雌性白鹇羽毛多为棕灰色，其貌不扬；而雄性白鹇的背部和尾部羽色洁白，腹部羽色黝黑，脸侧和腿部呈红色，在山林里飞翔时，犹如一位披着白色长斗篷的大侠在施展轻功，又好似身着白袍的凤凰。

除了黄腹角雉，黄岗山也是白鹇的模式标本产地。听着卢老师的介绍，动物观察员不禁连连赞叹。

我们跟随卢老师，登上海拔1970米的高山，眼前的景象令人豁然开朗。卢老师兴致勃勃地向我们介绍，黄岗山分布着华东地区极具代表性的高海拔留鸟——红翅鵙鹛（jú méi）、淡绿鵙鹛、蓝鹀（wú）

粉红胸鹨（liù）等。

粉红胸鹨（供图 / 视觉中国）

留鸟是指生活在一个地区，不随季节变化而迁徙的鸟类。它们通常终年在其出生地内生活。

天色向晚，卢老师觉得时间差不多了，便提议带动物观察员去南方铁杉林寻找黄腹角雉。

黄腹角雉白天活动，晚上到树上休息，所以最容易发现它的时间是清晨和傍晚。现在已接近落日时分，是发现黄腹角雉的最佳时机。

我们来到黄腹角雉经常出没的地方，卢老师指着树林间的小路说："这里有一条'鸡道'。"要不是卢老师指认，我们根本看不出这条"鸡道"的存在。黄腹角雉喜欢在清晨从山上下来，穿过这个"鸡道"去山下喝水觅食，到了傍晚它又走回头路，从"鸡道"上山睡觉。我们只要守在这里，就极有可能见到黄腹角雉了。

我们守在"鸡道"附近，果然等到了黄腹角雉。这"呆鸡"名不虚传——本来我们想象着它是威风凛凛的样子，可实际上它在树林间躲躲藏藏，一有动静，小脑袋就往草丛里钻，呆萌的样子真是招人喜爱。动物观察员瞬间就被这些小生灵"吸粉"了，真是不枉费在山里这么长时间的跋涉和等

蓝鹀（供图 / 视觉中国）

待啊。

这一天，我们跟着卢老师，在山里见到了很多奇特的鸟儿。它们的惬意和安详，离不开武夷山国家公园生态保护工作者的付出。他们把保护工作做得非常完善，才能让这些珍贵的鸟类在这里安居，我们也才能一饱眼福，看到它们美丽的身影。

请答题

黄岗山海拔 2160 米，黄腹角雉生活的范围主要在海拔（　　）。

A.500 米以下　B.500~1000 米　C.1000~1500 米

嘉宾观点

小泽：我选 C。我刚才发现，黄腹角雉生活的地方有松树，那里是针叶林，海拔一定会比较高。

小丽：我选 B。海拔太低了可能会很热，太高了会很冷，只有不冷不热才更舒适。

小玉：我选 A。我觉得要是黄腹角雉生活的区域海拔太高了，“鸡”也会缺氧吧！

张博士的科学小课堂

黄腹角雉生活的地方属于针阔叶混交林。这是比较典型的一种环境，它的海拔跨度比较大，一般在 1000~1500 米，最高能达到 2000 米。

正确答案是 C，你答对了吗？

三江源国家公园里的藏原羚

主持人：深入五大国家公园，探索生态保护的中国智慧。本期节目，我们将来到被誉为“生命之源”的三江源国家公园。这里地处西北，怀抱青藏高原，是长江、黄河、澜沧江的发源地，对于中国人来说具有非凡的文化意义，也称得上是“生命之源”。究竟三江源国家公园有哪些珍稀动物呢？动物观察员将带我们揭开神秘面纱。

藏羚“奶爸”和他的藏羚宝宝

三江源国家公园位于青藏高原腹地，它是世界海拔最高、中国面积最大的国家公园，规划面积 19.07 万平方千米。丰富的水资源让它成为我国重要的淡水供给地，有“中华水塔”“亚洲水塔”之称。这里每年向下游输送 600 多亿立方米的源头活水，长江总水量的 25%、黄河总水量的 49%、澜沧江总水量的 15% 都来自三江源。庞大的水量冲击为长江中下游平原、华北平原及东南亚平原地区人类的耕种、生活提供了便利，也孕育了各种珍稀野生动物。

三江源国家公园有野生动物 125 种，素有“高寒生物物种资源库”之称。藏羚奔跑在晨雾山溪间，雪豹像只爱撒娇的大猫，藏原羚翘着精致的小尾巴，像在为山川风月“比心”。生活在这里的欧亚水獭，就像三江源水质的检测员，它们的聚集栖息，是对三江源水质的认可。

沿着长江源头沱沱河向东 200 千米，就能到达广阔又荒凉的可可西里。这里的平均海拔在 4500 米以上，是“高原精灵”藏羚的天堂。经过漫长的跋涉，我们跟着动物观察员来到了可可西里国家级自然保护区索南达杰保护站，这里的海拔为 4479 米。

1994 年，索南达杰为了保护藏羚，只身一人同十八名偷猎者枪战，英勇牺牲。为了纪念和延续索南达杰的英雄精神，1997 年，人们在可可西里建立起索南达杰自然保护站，作为可可西里反偷猎工作的前沿阵地，大力开展反盗猎、反盗采、保护藏羚的工作。

龙周才加是索南达杰保护站的副站长。他 16 岁就来到可可西里，已经坚守反盗猎、反盗采及救助藏羚的工作十几年了。

反盗猎、反盗采工作艰苦且危险。“可可西里的沼泽地特别多，你常常能看到陷车、挖车、人扛着车走的画面。”龙周才加说起这些

语速平缓，可其中的艰辛不是一般人能够体会的。

索南达杰保护站里的小藏羚

藏羚是青藏高原的特有物种，喜欢群居生活。每年5—7月，可可西里的藏羚便成群结队地前往卓乃湖等地产崽。产崽结束后，母藏羚带着小藏羚回迁。当有捕食者对藏羚群发动攻击时，小藏羚就可能会与妈妈走散或因受伤被遗弃。索南达杰保护站的队员们在巡山时，会将迷失的小藏羚带回，暂时充当“奶爸”角色，悉心照料，直到它们能够独立生存。

跟随龙周才加队长，我们来到保护站的圈养场，见到了7只去年（2020年）被救助的小藏羚。它们在圈养场里啃食着野草，看起来活泼健康。龙周才加发出“哞哞”的声音召唤，小藏羚也许是看到了动物观察员的到访，任凭怎么呼唤，都躲得远远的。

动物观察员了解到队长和他的同事工作非常辛苦，便提出想帮帮他们的忙，为藏羚保护做一些贡献。龙周才加队长建议，可以去羊圈为明年收养的小藏羚晒一晒被雨淋湿的草，为它们准备更加舒适的居住环境。扒草、晾草，一番劳作下来，连龙周才加队长都对动物观察员竖起了大拇指——干得漂亮！

一岁以后的小藏羚会放养在一个比之前更宽广的圈养场内，接受野化训练。每长大一岁，小藏羚就会进入更大的圈养场，直到它们可以适应大自然的广阔天地。

如今，可可西里的草原上再也听不到盗猎者的枪声。因为有工作人员的科学喂养和默默守护，现在，藏羚种群的数量已经达到40万头，藏羚保护等级也从“濒危物种”降为“近危物种”。

请判断

成年藏羚只吃草。

A. 真的　B. 假的

嘉宾观点

小泽：我认为是假的。我觉得藏羚不能光吃草，可能也会吃一点果子。

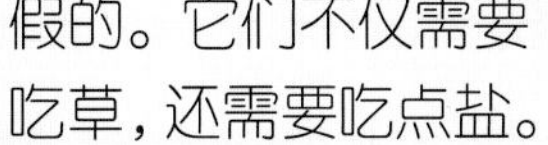

小宇：我认为是假的。它们不仅需要吃草，还需要吃点盐。

张博士的科学小课堂

大家喜欢叫这种动物藏羚羊，而我一直称它为藏羚。藏羚演化到今天，它的演化分类地位十分特殊。科学家甚至认为它根本不是真正的羚羊，因为我们看它的角——羚羊的角没有藏羚的长，过去有人叫藏羚为“独角兽”，因为从侧面看，它的角就像一根棍子；也有人叫它“黑面兽”，因为雄性藏羚脸是黑色的，也很漂亮。国家公园的建设不仅让藏羚的种群数量得以壮大，还恢复了野生动物对人类的信任——这是国家公园建立的非凡意义。

中国科学院植物研究所、北京植物园执行主任叶建飞老师：我们可以将植物分为木本植物和草本植物两类。木本植物是指树木、灌木等植物，草本植物是指那些低矮的（当然也有像竹子那样高大的）植物。三江源地区主要分布的是草本植物，因为气候干旱、寒冷，藏羚只能吃草以及灌木的叶子和枝条。广义上说，禾本科、莎草科、豆科植物藏羚会吃，棘豆、黄芪等药材藏羚也会吃。藏羚吃了多样的植物后，可补充纤维素和糖类，吃豆科植物则可补充植物蛋白，使它的营养摄入更全面。

正确答案是B，你答对了吗？

主持人：今天的节目，我们要去寻找一种美丽的生灵——驯鹿。来，出发吧。

鄂温克族的养鹿人

“嗨——嗨嗨嗨——”摇晃着手里的铃铛，发出洪亮的声音。悠扬、清脆的铃声在森林里回荡，一头头驯鹿循着铃铛声翩翩走来，向我们靠拢。

我们的动物观察员见到了鄂温克族的养鹿人——瓦莲——一位戴着蓝头巾、热情好客的阿姨，她养鹿已经有 30 多年了。

“为什么听到铃声和呼喊，驯鹿就会向我们靠拢呢？”动物观察员不免好奇地问。“因为我们模仿它们走路、跑步的节奏，我们摇铃越快，它们跑得就越快。”瓦莲笑盈盈地回答。

鄂温克族是中国最后的狩猎民族，也是亚洲唯一的至今使鹿的民族，他们一代又一代和驯鹿相伴，过着自给自足的原始山林生活。长期以来，鄂温克族人同驯鹿建立了很深的感情，对待驯鹿就如同对待自己的孩子一样。

“大白”戴着专属它的白铃铛

瓦莲养了 160 只成年驯鹿，2021 年鹿群里新出生 67 只幼崽，她给这些驯鹿一一取名。看，身边那头看起来呆萌、健壮的驯鹿，瓦莲叫它“傻大个”；那只脖子上戴着银白色铃铛的，叫“大白”。瓦莲把这些驯鹿当作自己的孩子一般看待。不管岁月的长河如何流淌，一代代使鹿的鄂温克族人都守护着他们心爱的驯鹿，生生不息。

被百般呵护的驯鹿

动物观察员决定跟瓦莲一起去给驯鹿喂食。为上百头驯鹿喂食可不是一件简单的事情。当动物观察员提着装食物的铁桶来到场地时，驯鹿一下子拥了过来，倒吓坏了动物观察员。幸亏有瓦莲的帮助，喂食的铁桶被我们“举高高”后，驯鹿够不到食物，才停止了尾随。

把食物倒进石槽后，大声呼唤它们，我们终于成功完成了喂食工作。接下来，动物观察员要跟随瓦莲去照顾刚出生不久的小驯鹿。

一只出生才四天的小驯鹿站立起来能达到成年人的膝盖那么高，而刚生下来的小驯鹿只有成年兔子那么大，非常可爱。

动物观察员刚想去给一只驯鹿宝宝喂奶，就被瓦莲制止了："那是一只有妈妈的小驯鹿，我们要喂的是一只失去妈妈的小驯鹿。"瓦莲说。

"小驯鹿一天要喂六次奶，喂完之后还需要帮助它们进行一些运动来消化食物。我们会让它们待在专门的鹿舍里，24 小时监护。"瓦莲说。可见养鹿真是一件辛苦的事情。

接下来，我们的问题来了，快来开动脑筋想一想吧！

请答题

驯鹿宝宝出生后，大约多久可以长出鹿茸？

A.10 天　B.20 天　C.30 天

嘉宾观点

小玉：我选 B。刚才我听到瓦莲说，有只小驯鹿出生一周左右，十天也是一周左右，它感到头顶的鹿茸部位很痒，说明它就要开始长鹿茸了，到了 20 天，鹿茸应该可以萌出了。

小泽：我选 A。我看到它出生一个星期，已经开始长角了，头上有一个包一样的凸起。

小宇：我选 B。小鹿还很小，还在吃奶，它的头就开始痒了，我觉得不会等到 30 天，大概 20 天就开始长鹿茸了。

正确答案是 C，你答对了吗？

主持人：今天我们要前往山东长岛，这里有151座岛屿，我们要去看一看生活在那里的斑海豹。“什么，山东也有海豹？”对，你没有听错。来吧，我们去拜访一下。

斑海豹的“养老院”

我们的动物观察员是位山东大汉，今天他带我们来到长岛，踏上了寻找斑海豹的旅程。斑海豹有大大的眼睛，长长的、圆滚滚的身体和锋利的牙。我们一般认为，海豹是生活在极寒地带的海洋动物，但斑海豹可是个另类的存在——它是唯一在中国海域繁殖的鳍足类动物。饵料丰富、海水干净的长岛成了它们理想的栖息之所。据统计，经长岛洄游的斑海豹数量连续多年超过400头。

我们跟随长岛斑海豹省级自然保护区巡护员周军一起，乘小艇前往斑海豹的栖息地。周军告诉我们，每年二月底，斑海豹会在大连旅顺口产崽，一两个月后，它们带着小斑海豹来到长岛。斑海豹会在长岛海域教小斑海豹捕食或学习其他生存技能，为了保护它们的安全，工作人员在海上放置了长长的黄色浮标，游船

几只躺在礁石上晒太阳的斑海豹

和渔船不得入内。

在一处巨大的礁石上，我们发现有 20 多只斑海豹正在这里享受日光浴。周军说，他们在这片海域专门设置了人工鱼礁，吸引鱼群来此聚集。来了就有吃的，斑海豹当然喜欢这片区域啦！

我们在周军的引领下，登上一座小岛，开始今天的远程监测。这座岛无人居住，从二月到五月，周军他们都会在岛上驻扎，24 小时监测斑海豹的情况。2019 年，巡护队救助了 2 只斑海豹，人们在它们身上安装了“全球卫星定位系统”，这样可以通过监测它们的行动轨迹，了解其分布规律和活动路线。

环境优美、海水干净、饵料丰富……长岛的生态环境保护得相当好，以至到了五月本该洄游的季节，总有几只斑海豹逗留于此，依依不舍。我们很好奇，为什么它们不跟团队一起北上呢？周军说，这几只可能是由于岁数、身体的原因，洄游体力不支，就干脆不愿意北上了。看来，长岛不仅是斑海豹训练幼崽的“秘密基地”，也是它们的“养老院”啊。

我们观察到许多斑海豹正趴在礁石上晒太阳，它们扭动着身体，看海浪轻轻地拍打着礁石。海风轻柔，海水湛蓝，它们一脸满足的样子，真令人羡慕啊！

请答题

随着年龄的增长，成年斑海豹身体表面会有怎样的变化？（　　）

A. 毛色变浅　B. 斑点变多　C. 斑点变大

嘉宾观点

小宇：我选 C。节目里，我看到年龄偏大的斑海豹身体颜色确实偏浅，有可能是因为斑点的面积变大了，颜色才会浅。

小丽：我选 A。人老了之后头发会变白，斑海豹老了之后身体的黑色素可能也会消退。

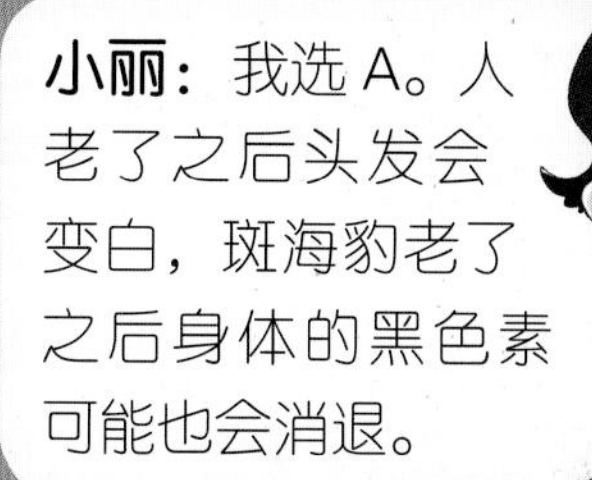

小浩：我选 B。人老之后会有色素堆积沉着，我们跟海豹都属于哺乳动物，随着年龄增长，它的斑点也会变多。

小泽：我选 B。人老了以后会长老年斑，我觉得斑海豹老了以后会和人一样，斑点不会变大，而是会变多。

张博士的科学小课堂

随着年龄的增长，斑海豹的毛色会变得越来越浅，年龄超过 20 岁的斑海豹身体会呈现出浅白色，就像人老了以后头发变白一样。

主持人：东亚江豚被誉为海洋中的“微笑精灵”。可是，这次我们和它见面的方式有些特殊，特殊到有些伤感。一起来看看吧！

东亚江豚——会微笑的精灵

你能想象，长岛海域有一种动物，长了一张会微笑的脸吗？它就是东亚江豚。东亚江豚体长 150~190 厘米，生活在中国台湾海峡沿岸海域、中国东海北部、环渤海和黄海等海域。

如果在海上乘船遇到这些可爱的小动物，人们往往叫不上来它们的名称。其实，人们近海目击的鲸豚类动物，大多是东亚江豚。它们曾受环境变化、误捕和食物资源减少等因素影响，种群数量大幅下降。

今天，我们跟随动物保护志愿者隋立伟老师，前去“拜访”东亚江豚。

平静的海滩上，隋老师垒起一块块石头，又摆上许多贝壳。他在做什么呢？隋老师告诉我们，这是东亚江豚幼豚的冢。原

人们在海边的沙地上发现了小江豚的尸体

来，在这些石块和贝壳下面，掩埋着东亚江豚幼豚的遗骸。隋老师给我们讲述了墓冢背后的故事。

2021 年 5 月 31 日，海边的居民在沙滩上发现了一具江豚幼豚的尸体。人们听说，江豚是濒危动物，极其珍贵，具有科学研究价值，便赶紧通知了隋老师，隋老师和他的朋友立刻赶到海边。他发现这只江豚还没有长牙，只有三个月大。他测量了它的体长和胸围，为它拍了照片，记录下基本信息后，隋老师将这只小江豚掩埋在了沙滩上。

隋老师告诉我们，这只小江豚可能是跟妈妈分开后，无法吸吮乳汁，最后搁浅死亡的。

这是一个悲伤的故事。在大海里，这样的悲剧可能时常上演。2018 年，隋老师开始为死去的江豚建冢，目前，他们已经建立了 11 个这样的江豚冢。

面对东亚江豚的死亡，隋老师寝食难安，他决定要弄清楚东亚江豚在山东海域的生存情况。他带着学生，利用假期做了渔民调查和海岸调查。通过记录数据、资料分析、与科研人员交流，隋老师找出了保护东亚江豚的方法，对公众进行宣传和普及。

隋老师说，很多人以为东亚江豚是生活在长江里的，海里的是海豚。其实，东亚江豚在海中会不时地将脑袋露出海面，长江江豚则比较活跃，会从江面一跃而出。

近年来，人们加大了对海洋动物的保护力度，现在，在长岛当地政府的组织和管理下，已经很少有渔民非法出海捕鱼了。渔民对江豚的爱护也体现在日常的生活中。

我们希望，这些“会微笑的精灵”能在长岛过上幸福安乐的生活。

请答题

在暴风雨来临前，东亚江豚通常会出现什么行为？（　　）

A. 频繁腾空跃出水面　B. 下潜至海底捕鱼

C. 将头频繁露出水面呼吸

嘉宾观点

小张：我选 C。江豚是哺乳动物，用肺呼吸，呼吸时会露出水面。

小浩：我选 B。我觉得江豚不是很喜欢跃出水面。

小丽：我选 C。暴风雨来临的时候，气压会比较低，水里氧气少，所以它需要露出头呼吸。

原来如此

暴风雨来临之前，天气变化使得气压变低，肺容量会受到影响，东亚江豚会频繁露出水面呼吸，以此获得更多的氧气。

正确答案是C，你答对了吗？

主持人：海南热带雨林是我国分布最集中、保存最完好、连片面积最大的岛屿型热带雨林。一提到热带雨林，大家难免会想到遮天蔽日的雨林植物和千姿百态的动物。来吧，我们的旅行开始了。

海南岛上的“雨林歌王”

这里是海南热带雨林国家公园，是我国唯一一片“大陆性岛屿型”热带雨林，拥有众多海南特有的动植物种类，是我国热带生物多样性保护的重要地区。我们的动物观察员探访完雨林植物，将目光转向海南热带雨林里一个独特的动物——海南长臂猿。

高温、潮湿、多雨，特殊的气候孕育了这片雨林，雨林也为动物提供了理想的栖息地。海南长臂猿就是这里一群独特的居民。

海南长臂猿可谓海南岛“旗舰性”物种，它们扎根于此已有上万年，在世界上的种群总数不到 50 只。当第一缕阳光爬上霸王岭的时候，这群“猿”住民的叫声便会响彻天际。

东方的天空刚刚显露出一丝鱼肚白，我们便跟着守护长臂猿 30 多年的工程师陈庆，向远处的大山进发。要见到人类最孤独的近亲，探访它们的庐山真面目，可要费一番周折啊。

山路曲折，步履维艰。陈老师和队员们曾无数次翻越高山，只为了寻觅和记录长臂猿的踪迹。

天刚蒙蒙亮，雨林开始苏醒，海南长臂猿也打开了沉寂一晚的歌喉。它们的叫声响彻雨林，唐朝诗人李白所描绘的“渌水荡漾清猿啼”的景象一下子呈现在我们眼前。

林间“呜——呜——”的叫声不绝于耳，穿透力极强。陈老师告诉我们，这是公长臂猿在啼叫，之后公猿和母猿还会一起啼叫。倾听和记录长臂猿的鸣叫声是科研人员研究它们的一种重要方式。

海南长臂猿

没一会儿，动物观察员便听出了多只海南长臂猿发出的高低不同的音。陈老师告诉我们，它们一次会叫上3—20分钟，要是到了物产丰富的季节，果子多，它们就会格外兴奋，啼叫时间会更长——上午6—10时，可能要叫上个三次，在2000米外都能听见。

海南长臂猿和人类一样会组成家庭，通常由一只公猿、两只母猿和一到三只猿宝宝组成。2021年，科研人员监测到海南长臂猿的两个家族群（B群和D群）分别增加了一只猿宝宝，种群数量由5群33只增至5群35只。

快到中午了，海南长臂猿停止啼叫，开始进食。我们跟着陈老师来到了它们的“食堂”参观。地上吃了一半的橄榄和拳头大小的山橙都是海南长臂猿留下的。

人们不仅要考虑让海南长臂猿吃得好，还要保障它们的出行，因此，植树显得尤为重要。原来，海南长臂猿是树栖猿类，活动和觅食一般在15米高的乔木的冠层或中层，很少下到小树和地面活动。保护区种植了大量树木，在间距较大的树木间拉上人工绳索或大网，使它们的栖息地连成一片，成为“生态廊道”，种群之间进行交流或繁殖就变得更加便利。

我们相信，国家公园的建立，会给海南长臂猿带来更加优质的生存环境。我们希望，海南长臂猿的种群数量不断增加，“雨林歌王”的歌声能响彻整片山林。

请答题

海南长臂猿啼叫的主要目的是什么？（　　）

A. 交流食物位置　B. 宣示领地位置

C. 提醒同伴有天敌

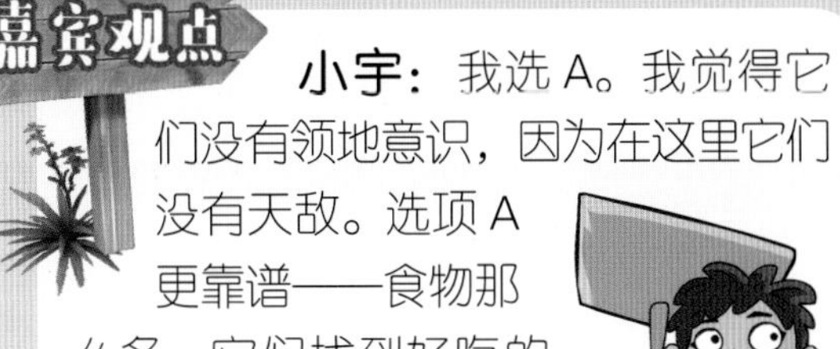

小宇： 我选 A。我觉得它们没有领地意识，因为在这里它们没有天敌。选项 A 更靠谱——食物那么多，它们找到好吃的，得跟同伴说一声，招呼同伴过来呀！

小丽： 我选 B。动物需要生存，交流食物位置有点太大公无私了。节目里我们看到是一只先叫，其他跟着叫，所以我认为可能是为了领地的主权归属。

张博士的科学小课堂

长臂猿有啼叫的行为共性，啼叫最主要的目的是宣示领地。过去人们认为长臂猿都是一夫一妻，但是在 23 种长臂猿当中，只有海南长臂猿是一夫两妻。它们的家庭区域是比较稳定的，所以需要宣示自己的领地。说到建立海南热带雨林国家公园的意义，很重要的一点就是，人们要把雨林连成片，恢复这些极度濒危的物种。节目中说长臂猿被称为“旗舰性”物种，因为种群数量非常稀少，受到社会公众的广泛关注。保护好这样的“旗舰性”物种，伴生的其他各种动植物以及整个森林生态系统就能得到整体保护了。

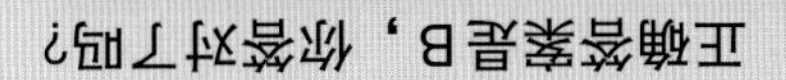

主持人：刚才我们记录的是热带雨林白天的景象，生机盎然；而到了晚上，这里依然生机盎然。让我们一起来了解。

雨林里的动物小夜曲

夜幕降临。白天，我们在热带雨林里看到了许多神奇的植物，听到了海南长臂猿的歌声；到了夜晚，我们的耳畔传来蛙声和虫鸣。夜晚，热带雨林里还有什么奇景等待着我们呢?

动物观察员和陈庆老师戴着头灯，行走在雨林里，他们要带着大家来一场“沉浸式”夜巡！两盏头灯是偌大的雨林中唯一的光源，只要用力一攥，空气中似乎就能溢出水来。脚下的石头在水流的冲刷下变得无比湿滑，每走一步都有可能摔倒。好在陈老师的雨林探险经验丰富，他拉着动物观察员，蹚过了一处处险滩。

要寻找两栖动物，需要沿着溪流而上，爬上一块巨石。夜巡热带雨林，黑暗和湿滑的石头是摆在大家面前的阻碍。为了便于行走，陈老师干脆脱掉鞋子，光着脚丫。见到他身手敏捷的样子，动物观察员也决定脱下鞋子，效仿一番。可是，平时没有雨林探险经验的动物观察员，还是差点摔倒了。看来，这雨林里的石上轻功，还要多年的经验积累才能练就啊。

海南湍蛙

夜晚的热带雨林是两栖类动物和爬行动物的乐园。为了躲避白天炙热的阳光，这些小动物大多选择躲藏起来，晚上再出来行走。我们在一块巨石边站定，仔细凝听，“呱呱呱”的蛙叫声格外响亮。“这是海南湍(tuān)蛙的叫声。”陈老师说。大家循着声音望去，果然看到一只蛙趴在石缝间一动不动，它那花花绿绿的皮肤和周围的环境融为一体。陈老师告诉动物观察员，不是自己的眼力好，而是寻找它们有一个绝招：用头灯的光线来回扫射。这样就会在黑暗中看到它们的眼睛，像夜空中一颗颗明亮的星星。

霸王岭睑虎

正说着，那只海南湍蛙掉进水里。“海南湍蛙脚上的吸盘比较大，吸力强。可能是这里的水流湍急，你看，连它也滑落到水里。越是水流湍急的地方，它们就越喜欢逗留，不停地往上跳。你说，它们是不是逆流而上的勇士啊？”

趁着夜色，为自己披上“保护外套”出动的，可不只有海南湍蛙，还有霸王岭的“小霸王”——霸王岭睑虎。

动物观察员从溪流边摸索到草丛中，想找到这位“伪装大师”。“快看！”陈老师在杂乱的草丛中发现了这只机灵的小家伙。霸王岭睑虎长得就像个头较大的壁虎，体表有独特的花色。它的身体柔软如橡皮泥，而鳞片摸上去又带着小刺。细心的动物观察员发现，霸王岭睑虎突然用舌头舔舐了一下自己的眼睛。它的眼睑生得发达，这可能是夜行动物的普遍特征吧。

动物观察员把霸王岭睑虎放在手上，和它相处了许久，才将它轻轻地放在地上，看着它慢慢地消失在草丛中。

两栖动物和爬行动物的存在往往能反映一片区域内生态系统的整体状况。这里独特的气候和地理条件，为海南岛的“暗夜精灵”提供了一片乐土。趁着夜色，这里的“原住民”纷纷出动，属于它们的雨林，也将在生态系统的不断恢复中，变得更加多样。

霸王岭睑虎遇到天敌时会装死。

A. 真的　B. 假的

嘉宾观点

小丽：我认为是假的。我和海南睑虎打过交道。海南睑虎和霸王岭睑虎同属睑虎属。你和它接触时，它会把嘴巴张大来恐吓你，它还有断尾再生的特性。在野外遇到的睑虎，常会看到有再生尾。

小泽：我认为是真的。动物都有保护自己的本领。霸王岭睑虎不会只有断尾这么简单的生存方式，它的眼睑是特化出来的，除了舍弃尾巴，它还会利用其他身体部位的特异功能去应对天敌，包括装死。

小宇：我认为是假的。睑虎有保护色，即使逃跑也不容易被天敌发现，何必去装死呢？万一被发现了，反而更危险啦！还是走为上策比较明智。

张博士的科学小课堂

霸王岭睑虎是一个具有代表性的、海南特有的物种，也是非常典型的环境指示物种。它的存在正好证明了这里的环境是好的，森林生态系统很健康。

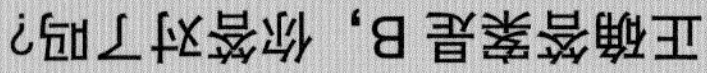

主持人：接下来我们要去的是“国宝”公园，这里地跨四川、陕西、甘肃三省，生活着我国 70% 以上的野生大熊猫和 8000 多种野生动植物。这次我们去探访的，是大熊猫国家公园的四川片区。

“国宝”公园探秘

动物观察员吴海峰是一名自然科普工作者。今天，他将在巡护员马文虎老师的带领下，寻觅野生大熊猫的踪迹。

一进保护区，我们仿佛进入了梦中仙境。马老师告诉我们，大熊猫经常在这里栖息玩耍。它们吃饱了竹子，就会躺在大石头上睡觉。马老师带我们探访的地段，是以前的河床改道留下的，林间的地上有许多圆溜溜的大石头，石上长满了苔藓。绿油油的大石块和高大的林木相互呼应，我们仿佛置身于绿色仙境中。

由于野外大熊猫警惕性很高且数量稀少，我们决定通过它的食物和它留下的痕迹一点点寻找。来看看我们的运气如何吧！

我们一路走，一路观察着四周的蛛丝马迹。突然，马老师发现了线索：“这是被大熊猫咬断的竹子。大熊猫咬竹子很有趣，咬一口后会撕扯一下，竹子断裂处会带下来一块竹皮。”小吴发现这根竹子的断裂处很新鲜，因此推测大熊猫可能就在附近活动。

马老师刚走出去几步，就发现了地上有一坨大熊猫的粪便。两人用细竹子戳开检查，发现竹子的茎秆和叶片清晰可辨。

在草木葱茏的山岭中穿梭，不时会飘下几滴雨。在找寻大熊猫的同时，皑皑的云雾和错落的山峰也让我们饱览了美景。可惜的是，几天过去了，我们依然没有找到野生大熊猫的身影。

对于野生动物检测，远红外线相机作为一种高科技手段，发挥着重要的作用。小吴和马老师查阅相机监控，发现了藏酋猴、

羚牛等动物像大明星一样一一登台。通过对路途中好几台远红外线相机的查看，两人终于看到了大熊猫的身影。

马老师在唐家河地区工作了28年，7次邂逅野生大熊猫。他给我们讲述了他和大熊猫的一段故事：2021年4月的一天，一大早，马老师便听到两只大熊猫在山林中打斗的声音。当时大熊猫可能正处于发情期，它们吊挂在四五米高的树枝上，打闹着、叫喊着，发出很大的响声。先爬上树端的大熊猫推搡着下方的大熊猫，下方的没有抓牢，一下掉落下来。幸好它立即抓住了中间冠层的树枝，才没有直接从高处滚落。还有一次，马老师在山里偶遇一只大熊猫，他立刻拿出手机，拍摄下这珍贵的画面。“它就这样呆呆地看着我，良久，又对我一个劲儿地点头，还‘轰轰轰’地叫了几声，又排了便便，便便从大石头上滚落，被我拍摄得清清楚楚。”马老师提到自己的“奇遇”，忍不住笑了起来。

不顾危险，不辞辛劳，只为记录下更多珍贵的野生动物影像。马老师虽然年过半百，但依然对这份事业充满热情。在大熊猫国家公园中，还有许多像他这样的巡护员，他们用双脚丈量着这片土地，守护着国家公园中的珍稀动物。

听完精彩的故事，小吴的旅程也要告一段落了。回去之前，他还有一件重要的事情要做：“马老师，和您一起在山林里搜索，我一直没能目睹野生大熊猫。虽然有些遗憾，但是我准备了一台远红外线相机，咱们把它绑在树上，看看能不能拍摄到野生大熊猫吧！”马老师一听，爽快地答应了这个请求。

一段时间后，相机里的资料寄到了北京。在相机里，我们终于看到了在保护区里栖息的大熊猫。也许和亲眼所见比，它们快乐安详地生活才是我们更加期待的。大熊猫是这片山林的主人，我们不去打扰它们，或许就是人们对它们的祝福和呵护。

请答题

如果野外遇到两只在树上打架的大熊猫，它们最有可能的性别是（　　）。

A. 两只雄性　B. 两只雌性　C . 一雄一雌

嘉宾观点

小张：我选 A。它们应该都是雄性，发情期为了争夺配偶打架。

小玉：我选 C。可能是“情侣”打架。发情期的两只大熊猫沟通出了点问题吧！

张博士的科学小课堂

大家觉得雄性大熊猫之间当然会打架，但雄性打架的位置并不是在树上，而是在地上。雌性大熊猫一般会蹲在树梢，看着下面的雄性打架。雄性打完架后，雌性还在树上没有下来，雄性就会上树把雌性“揪”下来，跟它“谈判”——“你为什么还不嫁给我？”要是经过谈判，雌性依然看不上雄性，雄性就会上树跟雌性打起来。有人记录了雌性大熊猫蹲树观架最长的时间，长达 10 天。

过去，大熊猫从北方的北京地区到南方的两广地区，都有分布。如果那时候建立国家公园，那么大半个中国都是大熊猫国家公园了。大熊猫属于食肉目动物，在今天成为食草动物，生活在中国中西部地区。我们建设大熊猫国家公园，不仅是保护大熊猫这一物种，也保护了中国中西部一大片极为重要的森林生态系统。

正确答案是 C，你答对了吗？

为野化放归而辛劳的熊猫人

在中国大熊猫保护研究中心核桃坪野化培训基地，动物观察员小吴正跟着基地饲养员陈加东老师一起，在地上摔竹子。只见长长的、坚硬的箭竹被他们摔成细条，据说这样就可以减少大熊猫牙齿的磨损了。

核桃坪野化培训基地是专门培养大熊猫野外生活能力的地方。放归人工圈养的大熊猫需要哪些准备呢？我们跟随工作人员去一探究竟吧！

在基地工作，你首先要做的事情就是换穿“熊猫服”。裤子和上衣袖子是黑色，上身以白色为主。这是一种伪装服饰，从视觉上能给大熊猫“自己人”的既视感。

穿上熊猫服后，小吴迫不及待地要去园区，可陈老师一把拦住他：“别急，我给你的熊猫服喷上点稀释过的熊猫尿液。这样大熊猫就会从视觉和嗅觉上判断你是友好人士了。”

大熊猫野化培训主要分为两个阶段，我们先从一期野化训练场开始考察。从出生到一岁半，大熊猫幼崽都在一期野化训练场生活。大熊猫宝宝的主要食物是妈妈的乳汁。为了保证妈妈有足够的乳汁，工作人员需要准备充足的食物。

小吴和陈老师将摔成细条的竹子送往园区

“大熊猫妈妈一般会睡大觉，宝宝在树上待着。要是饿了，宝宝会主动下树找奶吃，它们会相互嬉戏、打闹，妈妈还会教宝宝怎么啃咬、攀爬。”陈老师告诉小吴。

除了喂食，陈老师要做的另一项重要的工作，就是为大熊猫清扫圈舍。成年大熊猫每天要排出约 30 斤粪便，每次清扫，穿着“熊猫服”的饲养员都会汗流浃背，但为了避免让大熊猫宝宝看到人类的模样，不依赖人类、顺利回归自然，即使天气再热，他们也不能摘下头套。

穿熊猫服的饲养员

一岁半之后，大熊猫便会被转移到二期野化训练场了。这里的面积有一平方千米，设置大熊猫在野外可能遇到的各类地形。如果它们能适应二期的环境，才可能被放归野外。在什么阶段采食什么样的竹子，发笋季节在什么地方可以找食，大熊猫都需要自己去判断。因为大熊猫的脖子上套上了颈圈，饲养员可以用信号接收器来监测大熊猫位置，观察它的活动区域。

陈老师带着小吴在草木葱茏、道路难辨的山岭里攀爬，还不时拿出一段天线，接收信号，判断位置。走了一段后他提醒小吴：“要戴上头套了，我们已经比较接近大熊猫所在的位置。”又往前走了几十米，信号越来越强，接收器提示，大熊猫就在附近。两人四下张望，没见大熊猫的踪影。咦，出问题了？正在纳闷时，陈老师指着一棵高大的树对小吴说：“看，在那里！”果不其然，一只亚成体大熊猫正躲在树上悠闲地晒太阳。听觉灵敏的它见树下的熊猫人在聊天，便倒挂在树枝上，好奇地观看着，憨态十足。

今天的探访工作结束了，小吴觉得内心十分满足。为了增加野生大熊猫种群的数量，核桃坪野化培训基地的工作人员不断对大熊猫进行专业的野化过渡训练，培养和提高大熊猫的野外生存能力，帮助它们早日回到自由、广阔的天地。

请答题

以下哪一项不是大熊猫需要在二期野化训练场学习的主要技能？（　　）。

A. 抚育幼崽　B. 寻找自然水源　C . 辨别方向

嘉宾观点

小张：我选 C。大熊猫在保护区内，它不是去探险，所以不需要辨认方向，它只要知道哪里有大树，能爬上去休息；哪里有水源，渴了有水喝就行了。只要可以生存，干吗要去学习辨别方向呢？

小玉：我选 B。山里有充足的水源，大熊猫不需要寻找，这不能叫作一种技能，训练是没有意义的。

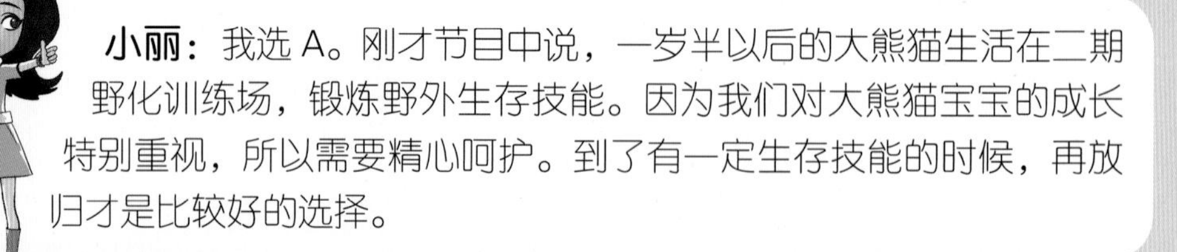

张博士的科学小课堂

二期纯野化状态就是模拟野外，和野外环境是完全一样的。大熊猫找水源、判断方向是在熟悉环境的基础上进行的，而刚一岁半的大熊猫尚不用学习交配，它的性发育还没有完全成熟，就谈不上去抚育幼崽了。

正确答案是 A，你答对了吗？